用于国家职业技能鉴定

国家职业资格培训教程

YONGYU GUOJIA ZHIYE JINENG JIANDING

GUOJIA ZHIYE ZIGE PEIXUN JIAOCHENG

家政服务员

（高级）

第3版

U0338343

编审委员会

主　任	汪志洪	王玉君
副主任	沈水生	吕建设

委　员	刘玉根	王淑霞	刘建国	杜国羽	陈　伟	应三玉
	李蛊蛊	华　巍	牟达泉	吴厚德	陈　兰	张彤业
	杨晓燕	李淑玉	王　君	张　伟	白　冰	马丽萍
	陈　恒	陈　挺	李大经	庞大春	刘冬红	李洁璐
	张先民					

编审人员

总主编	王　君					
主　编	王　君					
编　者	王　方	王　君	白　冰	陈珊玲	徐　芳	栾顺喜
	俎凯华					
主　审	陈　恒					
审　稿	陈　恒	刘冬红				

中国劳动社会保障出版社

图书在版编目（CIP）数据

家政服务员：高级 / 人力资源和社会保障部农民工工作司，人力资源和社会保障部社会保障能力建设中心组织编写. —3版. —北京：中国劳动社会保障出版社，2016

国家职业资格培训教程

ISBN 978-7-5167-2330-2

Ⅰ. ①家…　Ⅱ. ①人… ②人…　Ⅲ. ①家政服务–技术培训–教材　Ⅳ. ①TS976.7

中国版本图书馆CIP数据核字（2016）第021308号

中国劳动社会保障出版社出版发行

（北京市惠新东街1号　邮政编码：100029）

*

北京市白帆印务有限公司印刷装订　　　　新华书店经销

787毫米×1092毫米　16开本　18.25印张　349千字

2016年5月第3版　　　2020年8月第4次印刷

定价：51.00元

读者服务部电话：（010）64929211/84209101/64921644

营销中心电话：（010）64962347

出版社网址：http://www.class.com.cn

版权专有　　　　侵权必究

如有印装差错，请与本社联系调换：（010）81211666

我社将与版权执法机关配合，大力打击盗印、销售和使用盗版
图书活动，敬请广大读者协助举报，经查实将给予举报者奖励。

举报电话：（010）64954652

前　言

　　为推动家政服务员职业培训和职业技能鉴定工作的开展，在家政服务员从业人员中推行国家职业资格证书制度，人力资源和社会保障部农民工工作司、人力资源和社会保障部社会保障能力建设中心在完成《国家职业技能标准·家政服务员》（2014年修订）（以下简称《标准》）制定工作的基础上，组织参加《标准》编写和审定的专家及其他有关专家，编写了家政服务员国家职业资格培训系列教程（第3版）。

　　家政服务员国家职业资格培训系列教程（第3版）紧贴《标准》要求，内容上体现"以职业活动为导向、以职业能力为核心"的指导思想，突出职业资格培训特色；结构上针对家政服务员职业活动领域，按照职业功能模块分级别编写。

　　家政服务员国家职业资格培训系列教程（第3版）共包括《家政服务员（基础知识）（第3版）》《家政服务员（初级）（第3版）》《家政服务员（中级）（第3版）》《家政服务员（高级）（第3版）》《家政服务员（技师）（第3版）》5本。《家政服务员（基础知识）（第3版）》内容涵盖《标准》的"基本要求"，是各级别家政服务员均需掌握的基础知识；其他各级别教程的章对应于《标准》的"职业功能"，节对应于《标准》的"工作内容"，节中阐述的内容对应于《标准》的"技能要求"和"相关知识"。

　　本书是家政服务员国家职业资格培训系列教程（第3版）中的一本，适用于对高级家政服务员的职业资格培训，是国家职业技能鉴定推荐辅导用书，也是高级家政服务员职业技能鉴定国家题库命题的直接依据。

　　本书在编写过程中得到中国就业培训技术指导中心、中国家庭服务业协会、北京家政服务协会、广东省家庭服务业协会、北京市朝阳区家庭服务业协会、北京中青家

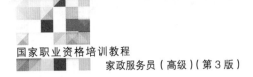

政有限公司、北京中管职业技能培训学校、北京富平家政服务中心、北京华夏中青家

政有限公司、广州市千福企业有限公司、河南省民政学校、上海市浦东新区妇女发展

指导中心等单位的大力支持与协助，在此一并表示衷心的感谢。

人力资源和社会保障部农民工工作司

人力资源和社会保障部社会保障能力建设中心

目　录

第1章
制作家庭餐

第1节 加工配菜

学习单元1 拼摆复合水果原料拼盘

学习目标

1. 熟悉拼摆复合水果拼盘的基础知识。
2. 能够制作苹果塔和水果拼盘造型。

知识要求

制作水果拼盘的目的是使简单的个体水果，通过形状、色彩等几方面艺术性地结合为一个整体，以色彩和美观取胜，从而刺激人的感官，增进食欲。水果拼盘如图1—1所示。

一、选料

从水果的色泽、形状、口味、营养价值、外观完美度等多方面对水果进行选择。选择的几种水果组合在一起，搭配应协调。最重要的一点是水果本身应是成熟的、新鲜的、卫生的。同时注意制作拼盘的水果成熟度不能过，否则会影响其加工和摆放。

图1—1 水果拼盘

二、命名

水果拼盘虽比不上冷拼和食品雕刻那样复杂，但也不能随便应付，制作前应充分考虑家庭宴会的主题，并围绕家庭宴会主题为水果拼盘命名，如一帆风顺、大团圆、花好月圆等。

三、色彩搭配

大部分人将水果作为饭后食品，也就是人们在酒足饭饱后才想到食用水果（据营养专家说，吃水果的最佳时间是饭前一小时），这时大多数人已没有多少食欲，这就为设计水果拼盘提出了一个难题：怎样的色、香、味、形、器才能重新引起人们的食欲？水果的色、香、味是人们所无法改变的，若改变了可能也失去了本身的意义。但人们可以根据想象将各种颜色的水果艺术地搭配成一个整体，通过艳丽的色彩再次将人们对食物的欲望唤起。

图1—2 色彩搭配

水果颜色的搭配一般有"对比色"搭配、"相近色"搭配及"多色"搭配三种。红配绿、黑配白便是标准的对比色搭配；红、黄、橙可算是相近色搭配；红、绿、紫、黑、白可算是丰富的多色搭配，如图1—2所示。

四、艺术造型与器皿选择

根据选定水果的色彩和形状进一步确定其整盘的造型。整盘水果的造型要有器皿来辅助，不同的艺术造型要选择不同形状、规格的器皿。如长形的水果造型便不能选择圆盘来盛放。另外，还要考虑盘边的水果花边装饰，也应符合整体美并能衬托主体造型。

至于器皿质地的选择，可根据家庭情况来选择，通常用的果盘为玻璃制品、陶瓷制品，高档些的有水晶制品、金银制品。

五、刀功

选好水果、造型和器皿，便可动手制作水果拼盘。操作时注意刀功方面应以简单易做、方便出品为原则。

1. 拼盘常用刀法

水果拼盘用刀要比雕刻简单得多。一般用西餐厨刀和普通水果刀即可。下面介绍一下水果拼盘常见的刀法：

（1）打皮

用小刀削去原料的外表皮，一般是指不能食用的部分。大部分水果洗净后皮可食用的就不用削皮。有些水果去皮后暴露在空气中，色泽会迅速变褐或变红，因此，去皮后的水果应迅速浸入柠檬水中护色。

（2）横刀

横刀是指按刀口与原料生长的自然纹路相垂直的方向施刀。可切块、切片。

（3）纵刀

纵刀是指按刀口与原料生长的自然纹路相同的方向施刀。可切块、切片。

（4）斜刀

斜刀是指按刀口与原料生长的自然纹路成一夹角的方向施刀。可切块、切片。

（5）剥

用刀将不能食用的部分剥开，如柑橘等。

（6）锯齿刀

锯齿刀法是指用切刀在原料上每直刀一刀，接着就斜刀一刀，两对刀口的方向成一夹角，刀口成对相交，使刀口相交处的部分脱离而呈锯齿形，如图1—3所示。

图1—3　锯齿刀法

（7）勺挖

勺挖是指用勺将水果挖成球形状，多用于瓜类，如图1—4所示。

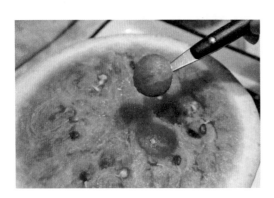

图1—4　勺挖

（8）挤或挖

用挤压或刀挖的方法去掉水果不能食用的部分，如樱桃、甜杏、红枣等。

2. 各类水果常用刀法举例

（1）柑橘类

柑橘类水果形状较大，表皮厚而易剥，而果食的口感一般，所以可用表皮进行表皮造型；即将表皮与肉进行正确分离，然后将表皮加工成篮或盅状盛器，里面盛入一些颜色鲜艳的圆果，如樱桃、荔枝、橘瓣、葡萄等，取出的果肉可用作围边装饰。柠檬和甜橙的用途基本一样，一般带皮使用。由于其果肉与表皮不易剥离，大多数是加工成薄形圆片或半圆，用叠、摆、串等方法制成花边。

（2）瓜类

西瓜、哈密瓜的肉质丰满，有一定的韧性，可加工成球形、三角形、长方形等几何形状。形状可大可小，不同的形状进行规则的美术拼摆，既方便食用，又有艺术造型。另外，利用瓜类表皮与肉质色泽相异、有鲜明对比度这一特点，将瓜的肉瓤掏空，在外表皮上刻出线条的简单平面，将整个瓜体制成盅状、盘状、篮状或底衬，效果较好。这类水果需配食用签。

（3）樱桃、荔枝类

樱桃、荔枝类水果形状较小，颜色艳丽，果肉软嫩、含汁多，多用作装饰或点缀盅、篮等盛具的内容物。

3. 水果加工注意事项

（1）无论采用何种方法，水果的厚薄、大小以被直接食用为宜。

（2）加工好的水果的原料应明显可辨。

六、出品

出品应做到现做现出品。拼盘造型应尽量迅速，防止营养、水分流失，尤其要保证水果的整洁、卫生，同时配置相应的食用工具及适量的餐巾纸。

技能要求

技能 1　苹果塔（见图 1—5）

图 1—5　苹果塔

一、操作准备

原料：红苹果 1 个。

二、操作步骤（见图 1—6）

步骤 1　将苹果洗干净，用水果刀切成 4 瓣。

步骤 2　将其中一块 1/4 苹果的果核部分切除，使这块苹果可以果皮向上平稳地放在盘中。

步骤 3　用牙签标记好这块苹果的中心线，从距中心线 0.4 毫米处，倾斜 45°角向中心方向入刀，再在对称的一侧切入，将中心的一小块苹果切下。

步骤 4　再以同样的方式切出更多的苹果，按照相同的间隔和角度入刀，尽量切得均匀。

步骤 5　将所有的苹果片按顺序叠放在一起，复原成 1/4 苹果的样子。

步骤 6　顺着一个方向把苹果片依次推出，每层间隔 1 毫米，制成塔状。

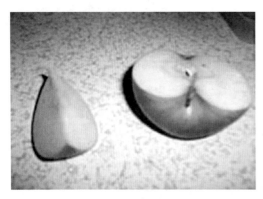

图1—6　操作过程

三、注意事项

苹果角是非常基础的苹果切法，如果刀工不好，只在果皮上做简单的装饰即可。

技能2　水果拼盘造型（见图1—7）

图1—7　水果拼盘造型

一、操作准备

原料：西瓜、香蕉、火龙果、苹果、提子。

二、操作步骤

步骤 1　将西瓜切成适当大小的块状，用平刀沿着瓜瓤边缘切去 3/4。

步骤 2　再将瓜皮的白色部分去除，越薄越好（为了做出更好的造型，果皮切得越薄越好，也可以放入盐水中浸泡数分钟，使瓜皮更柔软）。

步骤 3　将瓜皮的两边分别划出等距离的印痕，要切得好看，关键是要距离相等，刀口要切得深一些，但不能切断。

步骤 4　将切好的瓜皮尖向前弯曲，用牙签固定在西瓜上，摆好造型，如图 1—8 所示。

步骤 5　把香蕉切成两块，在香蕉顶部 1/3 处划一刀，将香蕉皮切成 V 形，如图 1—9 所示。

 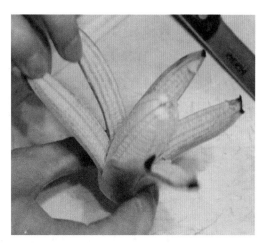

图 1—8　西瓜的制作　　　　　　　　图 1—9　香蕉的制作

步骤 6　把火龙果切去头蒂。

步骤 7　将火龙果切成 4 瓣。

步骤 8　用平刀将肉与皮分离，用刀将果肉切成块，如图 1—10 所示。

步骤 9　将提子洗干净、去蒂备用。

步骤 10　切下 1/4 苹果，然后斜刀切一刀，直刀切一刀，切成月牙形（不要切太深，不然容易断）。

步骤 11　把苹果横过来，切掉两头，切成块状，摆出造型，如图 1—11 所示。

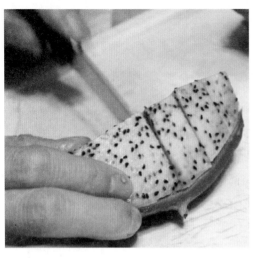

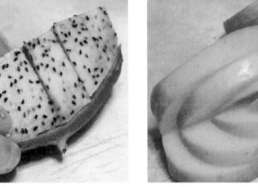

图 1—10　火龙果的制作　　　　　　　　　　图 1—11　苹果的制作

步骤 12　苹果很容易氧化，切好后应泡在淡盐水中。

步骤 13　全部切好后，把它们组合起来即可。

三、注意事项

1. 为安全起见，最好选用带锯齿的小刀，比较容易操作。

2. 切西瓜皮时最好保持统一的宽度，这样做好的花瓣才会漂亮。

3. 最好削成一整条完整的皮，太短无法卷成一朵好看的花。

4. 卷的时候力度要把握好，卷太紧花朵不好看，卷太松难以成形。

5. 用牙签固定是为了定形且方便移动，不用也可以。

学习单元 2　初加工鲜活贝类、软体类食物

学习目标

1. 了解鲜活贝类、软体类食物的基础知识。

2. 能加工常见的鲜活贝类、软体类海鲜食物。

知识要求

一、海鲜

出产于海里的可食用的动物性或植物性原料通称为海鲜。海鲜多指海味，我国有"山珍海味"之说。海鲜分为活海鲜、冷冻海鲜和干海鲜。常见的海鲜有鱼类、贝类、虾类、蟹类、海藻类等。

二、海鲜食用方法

海鲜食品一向是受人们欢迎的食物，其丰富的蛋白质、低胆固醇、各种微量元素，与肉类相比对人的营养和健康更为有益。更有许多海鲜食品，包括生蚝、龙虾、海胆、海参、鱼卵、虾卵等，因为富含锌、蛋白质等营养素，都有壮阳、强精的效果。常见的食用海鲜的方法如下：

1. 熟食法

一般采用煮、蒸、炖、炒、煎等法，将鱼、虾等烧成各种菜肴，并常用鲜料配以腌腊食品同蒸或同炖。

2. 生食法

用活的河虾，洗净后用酒、糖、姜末等浸上片刻，就可生食，俗称"醉虾"；三文鱼、牡蛎肉也可生食，食时蘸少许酱油、醋、姜末等，其味均鲜美可口。需要注意的是，由于生鲜海产中往往含有细菌和毒素，生吃易造成食物中毒，因此并不是所有海鲜都能生食，需要处理得当。

3. 干腊法

如将鲜黄鱼剖开晒干，就是著名的"白鲞"，味鲜美可口；或将墨鱼（俗称"乌贼"）割去海螺峭晒干，称为"明脯"。这种干腊海鲜不但可以久藏，而且别有风味。

4. 腌食法

利用食盐或酒糟制作海货，用缸储存作为常年菜肴，如将整只蟹浸腌数天，即可食用。另外沿海渔民还常制作卤虾酱。

三、食用前处理

1. 海鱼

海鱼吃前一定要洗净，去净鳞、腮及内脏，无鳞鱼可用刀刮去表皮上的污腻部分，因为这些部位往往是海鱼中污染成分的聚集地。

2. 贝类

煮食贝类前，应用清水将其外壳刷洗干净，并浸养在清水中7～8小时，这样，贝类体内的泥、沙及其他脏东西就会吐出来。

3. 虾、蟹

清洗并挑去虾线等脏物，或用盐渍法，即用饱和盐水浸泡数小时后晾晒，食前用清水浸泡、清洗后烹制。

4. 鲜海蜇

新鲜的海蜇含水多，皮体较厚，还含有毒素，需用食盐加明矾盐渍3次，使鲜海蜇脱水3次，才能让毒素随水排尽，经以上处理后方可食用。或者清洗干净，用醋浸泡15分钟，然后用热水焯（100℃沸水中焯数分钟）。

5. 干货

海鲜产品在干制过程中容易产生一些致癌物，食用虾米、虾皮、鱼干前最好用水煮15～20分钟再捞出烹调食用，将汤倒掉不喝。

四、最佳做法

1. 高温加热

细菌大都很怕加热，所以烹制海鲜时一般用急火熘炒几分钟即可保证食用安全。对于螃蟹、贝类等有硬壳的海鲜，则必须彻底加热，一般需煮、蒸30分钟才可食用（加热温度至少为100℃）。

2. 与醋、蒜同食，食后饮用姜茶

生蒜、食醋本身有着很好的杀菌作用，对于海产品中一些残留的有害细菌也起到了一定的杀除作用。海产品性味寒凉，姜茶性热，食用海产品后可中和寒性，提高肠道免疫力，有效预防食用后的不适。

3. 建议

食用海鲜10分钟内，可冲饮姜茶一杯。

五、注意事项

海产品虽然含有丰富的营养物质，但是不宜多吃。

受海洋污染的影响，海产品内往往含有毒素和有害物质，过量食用易导致脾胃受损，引发胃肠道疾病。若食用方法不当，重者还会发生食物中毒。

所以，食用海产品要注意适量、适度，一般每周一次即可。

技能 1　清蒸多宝鱼（见图 1—12）

图 1—12　清蒸多宝鱼

一、操作准备

1. 新鲜多宝鱼一条（750 克左右）。

2. 葱 1 根，姜 1 块，盐 4 克，料酒 15 毫升，蒸鱼豉油适量，油、红椒丝适量，香菜适量。

二、操作步骤

步骤 1　在市场购买鲜活的多宝鱼后，去除内脏和鱼鳃，反复用清水冲洗干净，不留血水。

步骤 2　用刀在鱼身上斜切 3 个花刀，以便让鱼肉更快熟和入味，如图 1—13 所示。用盐和料酒将鱼身及鱼腹内抹遍，腌制 10 分钟。

步骤 3　在蒸锅中放入适量水烧开，将适量姜片、葱段放在鱼身上，将鱼放入蒸锅，如图 1—14 所示。

步骤 4　大火蒸 7～8 分钟，辨别鱼是否蒸熟，可以用筷子从鱼身上刺过，如果筷子不费力地穿过鱼身，证明火候刚好。

步骤 5　蒸鱼期间将大葱或香葱切细丝，越细越好，切好的葱丝放入凉水中浸泡片刻，洗去黏液，经浸泡、冲洗后的葱丝会自然卷翘。

步骤 6　鱼蒸好后，扔掉姜片、葱段，倒掉蒸鱼时渗出的水，将切好的葱丝和红椒丝均匀摆在鱼身上。

图 1—13　斜切

图 1—14　放姜片、葱段

步骤7　用炒锅烧热 2 汤勺的油，8 成热（油冒烟）时关火，将油浇在葱丝上。

步骤8　趁烧油的锅还有余温，将蒸鱼豉油倒入，再加入少量水。

步骤9　将烧热的豉油水顺着蒸鱼鱼盘的边缘倒进去，用适量的香菜围边即可。

三、注意事项

　　鱼、虾、蟹等海产品含有丰富的蛋白质和钙等营养素。而水果中含有较多的鞣酸，如果吃完海产品后马上吃水果，不但影响人体对蛋白质的吸收，海鲜中的钙还会与水果中的鞣酸相结合，形成难溶的钙，会对胃肠道产生刺激，甚至引起腹痛、恶心、呕吐等症状。最好间隔 2 小时以上再吃。

技能 2　香辣蛏子（见图 1—15）

图 1—15　香辣蛏子

一、操作准备

1. 主料

新鲜海蛏子 800 克。

2. 辅料

植物油 5 克、盐 5 克、红辣椒、香葱、姜、蒜、水淀粉。

二、操作步骤

步骤 1　把蛏子洗干净，控水。

步骤 2　香葱、红辣椒切段，姜、蒜切片。

步骤 3　锅中倒油，热后放姜片、蒜片爆香。

步骤 4　倒入蛏子翻炒。

步骤 5　见蛏子壳有点打开时放入盐。

步骤 6　淋入水淀粉收汁。

步骤 7　放入红辣椒和葱段，翻炒 1 分钟出锅。

三、注意事项

蛏子买回来后一定要放在盐水里泡几个小时，让蛏子吐一下泥沙。

学习单元 3　油发、碱发干制食物原料

学习目标

1. 了解干制食物的涨发方法。
2. 能涨发常见干制食物。

知识要求

干制食物原料一般都是由鲜活原料脱水干制而成的，多干、硬、老、韧，有些动

物性原料多带咸腥气味。所以，烹饪前都需要让它们重新吸收水分，使其膨胀、松软，俗称发料。发料分水发、油发和盐发三种，前两种比较常见，本章主要介绍前两种。

一、水发

水发是最基本的常用方法，又分为冷水发、热水发、碱水发。

1. 冷水发

冷水发一般用于发木耳、香菇等植物性原料，2～3小时就可以发好，这在《家政服务员（中级）》制作家庭餐中已经讲过。

2. 热水发

热水发是指把干料放入热水里泡、煮、焖、蒸后，使其成为半熟原料，如粉丝、发菜等。像海参、鱼翅、鱼皮等比较坚、韧、硬、厚的干料，则需要煮沸才能发透并除去腥味；为了避免内外透发不匀，煮到一定时候换成微火盖上盖焖，以让其内部发透，外部又不至于过烂；如要保持原料的鲜味原汁，则多用蒸发，如海米、干贝、鲍鱼等。

3. 碱水发

碱水发是用碱水泡发干料的方法。一般使用食用纯碱。碱水发可短时间内使干料松软涨大，并保持原料的脆性。但碱对原料有腐蚀性，破坏原料的营养成分。所以，一般能用其他方法涨发的干料尽量不用碱水发。

碱水发时必须掌握好碱水浓度和泡发时间。体大坚硬的原料，碱水浓度高；体小质嫩的原料，碱水浓度低，浸泡时间短。碱水发时一般先将干料用冷水浸泡，待初步软化后再放入碱水中泡发，发好后用清水漂洗除去碱质和异味。

碱水发的原料有鱿鱼干、章鱼干等。

二、油发

油发适用于弹性强、含胶质多的干品，如鱼肚、肉皮等。

1. 油炸

油炸是指将干料加入食油中（浸没为度）加热至160～180℃，使物料膨胀、松脆即可，但不能焦枯。

2. 水浸

水浸是指把油炸后的原料放入沸水或冷水中浸泡回软。

3. 漂清

漂清是指把油炸经水浸软的原料用水漂清，除去原料的油分，以免烹调时影响风味。

技能要求

技能 1　水发海参（见图 1—16）

图 1—16　水发海参

一、操作准备

1. 原料

干海参。

2. 工具

不锈钢锅、剪刀。

二、操作步骤

步骤 1　先将海参放入干净的不锈钢锅中，加开水浸泡 12 小时左右。

步骤 2　再换开水浸泡 12 小时左右，泡至回软。

步骤 3　回软后用剪刀从腹部开口，取出腔内韧带和内皮，清洗干净。

步骤 4　然后将海参放在锅中并放入清水，置火上用小火烧开。

步骤 5　煮 5 分钟离火，放置 12 小时后换清水烧开煮 5 分钟左右，这样反复浸泡、煮开 2～3 次，直到发透为止。

步骤 6　一般情况下海参经过涨发 2～3 天即可使用，而质硬、肉厚、个大的海参要发 4～5 天。每千克干海参可涨发 5～6 千克湿海参。

三、注意事项

1. 发海参的盛器和水都不可沾油、碱、盐。

（1）油、碱易使海参腐烂。

（2）盐会导致海参不易发透。

2. 用剪刀开腹取肠时，要保持海参原有形状。

技能 2 油发鱼肚

一、操作准备

1. 原料

干鱼肚 500 克、植物油。

2. 工具

炒锅、漏勺、不锈钢盆。

二、操作步骤

步骤 1 涨发鱼肚要先将鱼肚晾干，如图 1—17 所示。

步骤 2 将锅内加入适量的油，再放入鱼肚慢慢加热，鱼肚逐渐缩小，然后慢慢膨胀，如图 1—18 所示。

步骤 3 在此过程中要不停地翻动鱼肚。

步骤 4 待鱼肚开始漂起并发出响声时，端锅离火并继续翻动鱼肚。

图 1—17 晾干鱼肚

图 1—18 用油锅加热

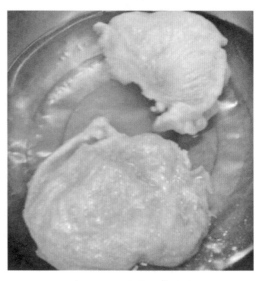

图 1—19 热碱水中浸泡

步骤 5　当油温降低不再沸腾时，再将锅置于火上慢慢提高油温至沸腾，这样反复 2~3 次，待鱼肚全部涨发起泡、饱满、松脆时捞出。

步骤 6　接着将鱼肚放入事先准备好的热碱水中浸泡至回软，洗去油腻及杂质，用清水漂洗干净，换冷水泡着备用，如图 1—19 所示。

步骤 7　涨发后的鱼肚体积急剧增大，色泽金黄，平整饱满，蜂孔分布均匀。

三、注意事项

1. 用油涨发鱼肚是需要耐心、细致的活，不能着急。
2. 一般每千克干料可涨发 4 千克左右湿料。

学习单元 4　调制醋椒味、鱼香味

学习目标

1. 了解调制醋椒味、鱼香味的方法。
2. 能够调制醋椒味、鱼香味。

知识要求

一、醋椒味、鱼香味的特点

这两种烹调方法有一个共同的特点，就是离不开醋、糖、大蒜、姜等调料。

1. 鱼香味

主要调料有植物油、葱、姜、蒜泥、糖、醋、酱油、料酒、泡椒、四川豆瓣酱、味精适量。

调制方法是先煸葱、姜、蒜、泡椒，再煸豆瓣酱出红油，与其他调料混合。色红，味甜、酸、辣均衡，各种味都不算太浓。可做鱼香肉丝、鱼香茄子、鱼香蘸汁等。

这个菜没有鱼却取名为"鱼香"，是用泡椒、葱、姜、蒜、糖、盐、酱油等调味品调制而成的。此法源于四川民间独具特色的烹鱼调味方法，具有咸、甜、酸、辣、鲜、香等特点。

2. 醋椒味

主要调料有植物油、花椒、葱、姜、蒜泥、白醋、盐、味精等。

调制方法是先炸花椒，炸出香味后取出花椒粒扔掉，然后煸葱、姜、蒜，放主料，加盐、味精，略炒，最后加白醋，翻炒均匀即成。可做醋椒白菜、醋椒茭白、醋椒土豆丝等。

以上两种调味的方法在日常烹饪中经常使用，所以要熟练掌握。

二、加工工具

炒锅、铲子、案板、菜刀、洗菜盆、盘子等。

技能要求

技能 1　调制醋椒味

一、操作准备

1. 工具

炒锅、铲子、案板、菜刀、洗菜盆、盘子等。

2. 原料

植物油 5 克，花椒 3 克，葱 1 克，姜 1 克，蒜泥 3 克，白醋 5 克，盐 2 克，味精 0.25 克。

二、操作步骤

步骤 1　火上坐锅，油热后先炸花椒，炸出香味后取出花椒粒扔掉。

步骤 2　煸葱、姜、蒜，放主料。

步骤 3　加盐、味精，略炒。

步骤 4　加白醋，翻炒均匀即成。

三、注意事项

1. 有的菜可以不用酱油，如醋椒土豆丝等。

2. 要把炸过的花椒粒扔掉，因为留在菜中不好看。

技能 2　调制鱼香味

一、操作准备

原料：植物油 5 克，姜末 1 克，蒜末 2 克，泡椒 3 克，葱花 2 克，盐 2 克，生抽 3 克，老抽 2 克，糖 5 克，醋 5 克，料酒 2 克，味精 0.25 克，水淀粉 2 克。

二、操作步骤

步骤 1　锅中放 5 克底油烧热。

步骤 2　投入泡椒煸炒，待泛出红油后放葱花、姜末煸出香味。

步骤 3　倒入酱油、蒜末、糖、醋、料酒、盐、味精、水淀粉兑成鱼香汁，至芡汁红亮、浓稠即成。

三、注意事项

1. 泡椒是鱼香味中最重要的一味调料，没有它无法形成鱼香味，但是必须经过加热和其他调料互相渗透才能产生鱼香味。

2. 调味汁最好准备一个小碗和汤勺，将各种调料按比例一一调好，以免在炒菜时手忙脚乱。

第 2 节　烹制膳食

学习单元 1　制作清汤、浓汤、素汤

学习目标

1. 了解制作清汤、浓汤、素汤的方法。
2. 能够制作清汤、浓汤、素汤。

知识要求

一、制汤

制汤又称吊汤，是指把蛋白质和脂肪含量丰富的动物性原料放在水中加热，使原料内的蛋白质和脂肪溶解于水，成为味道鲜美的汤，以作为烹调菜肴时调味之用。俗语说"唱戏的腔，厨师的汤"。汤的好坏对菜肴的质量有极其重要的影响。不仅各种汤菜要大量使用鲜汤，而且各种菜肴也需要鲜汤；所以，用鲜汤调味是味精所不能代替的。

根据汤汁液的澄清及口味鲜醇情况，汤分为一般清汤、高级清汤和素汤。

1．一般清汤制法

图1—20　老母鸡

制作清汤的原料一般以老母鸡为主，制法是将老母鸡宰杀后，煺毛，除内脏，洗干净后放入锅内，加入冷水，用旺火煮沸，随后移小火长时间加热，使鸡体内的蛋白质和脂肪充分溶于汤中。不能用旺火，否则就会使汤汁混浊而不澄清。出汤的比例是1 000克原料出5 000克汤。也有用瘦肉同老母鸡同煮的，但以鸡为主，如图1—20所示。

2．高级清汤制法

高级清汤又称"上汤"或"顶汤"，是在一般清汤的基础上进一步提炼精制而成，汤色更为澄清，滋味更为鲜醇。高汤做法如下：

（1）将清汤用纱布过滤，除去渣子。

（2）将生鸡腿肉去皮斩成茸状，加葱、姜、料酒及适量清水泡一泡，浸出血水。

（3）投入已过滤好的汤中，用旺火加热，同时用手勺朝一个方向不断搅动。

（4）待汤要开时，立即改用小火（不能使汤翻滚），使汤中的渣物与鸡茸黏结而浮在汤的表面。

（5）用小漏勺将鸡茸捞净，就成为澄清的鲜汤。

（6）将浮起的鸡茸用勺捞起压成饼状，放在汤的表面，用小火继续加热，使其中的蛋白质充分溶于汤中，最后除去鸡茸即成。

3．素汤制法

素汤的原料必须是新鲜、无异味且蛋白质、脂肪、芳香物质含量丰富的，而黄豆芽、鲜笋、香菇等都符合这个要求。

黄豆芽和鲜笋中蛋白质含量不高，但是具有鲜味物质的天冬氨酸含量丰富。经过煸炒汤煮后，可获得汁浓味美的鲜汤。香菇中除含有多种氨基酸外，还含有核苷酸类的芳香物质，使香菇具有浓厚的鲜美滋味。

用黄豆芽和鲜笋、香菇等原料制作素汤为最佳选择。

二、制汤的关键

1．必须选用鲜味足、无腥膻气味的原料，如鸡、肘子、瘦猪肉及鸡骨架等。不能用羊、鱼等腥膻的原料及经过腌、腊的原料。

2．在煮汤时，原料一定要冷水下锅。如果沸水下锅，原料表面骤然受高温而易于凝固，蛋白质就不能大量溢出到汤中，汤汁就达不到鲜醇的要求。同时，水最好一次

加足，中途加水会影响质量。

3. 制汤一定要掌握好火力与时间。清汤的制作是先用旺火将水煮沸，水沸后即转用文火，使水保持微滚，呈翻小泡状态，直至汤汁制成为止。火力过旺，会使汤色变为乳白，失去"澄清"的特点；火力过小，原料内部的蛋白质不易浸出，影响汤的鲜醇。

4. 注意调味品的投放顺序。制汤常用的调味品有葱、姜、料酒、盐等。制汤时不能先加盐，因为盐有渗透作用，使原料中的水分排出，蛋白质凝固，这样汤汁就不易烧浓，鲜味也就不足。

技能要求

技能 1　制作清汤（见图 1—21）

图 1—21　清汤

一、操作准备

1. 原料

老母鸡一只，1 500 克左右。

2. 调料

葱 5 克、姜 5 克、料酒 15 克、盐 5 克。

3. 工具

炖锅、手勺。

二、操作步骤（见图 1—22）

步骤 1　将老母鸡宰杀后，煺毛，除内脏，清洗干净后放入锅内，加入 5 000 毫升冷水，用旺火煮沸。

  步骤2 煮开后换小火长时间加热。

  步骤3 放入葱、姜、料酒，烧滚后撇去浮沫，转用小火煮3小时左右即成。

图1—22 制作过程

三、注意事项

1. 制汤的原料一定要冷水下锅。

2. 原料最好为老母鸡，肘子、瘦肉、大棒骨也可以，但是不能用羊肉和鱼，因为这两种原料比较腥膻，不适合制汤。

技能2 制作浓汤（见图1—23）

图1—23 浓汤

一、操作准备

1. 原料

生鸡腿 5 个。

2. 调料

葱 5 克、姜 5 克、料酒 15 克、盐 5 克。

3. 工具

炖锅、手勺、小漏勺。

二、操作步骤

步骤 1　将已经制好的清汤用纱布过滤，除去渣子，倒回容器内。

步骤 2　再将生鸡腿肉去皮斩成茸状，加葱、姜、料酒及适量清水泡一泡，浸出血水后放到清汤中。

步骤 3　用旺火加热，同时用手勺朝一个方向不断搅动，待汤要开时立即改用小火（不能使汤翻滚）。

步骤 4　当汤中的渣物与鸡茸黏结而浮在汤的表面时，用小漏勺将鸡茸捞净，就成为澄清的鲜汤。

三、注意事项

1. 一定要冷水下锅，而且水要一次加足。
2. 一定要后加盐。

技能 3　制作素汤（见图 1—24）

图 1—24　素汤

一、操作准备

原料：植物油15克、黄豆芽50克、香菇3朵、冬笋5根、葱5克、姜5克、盐5克。

二、操作步骤

步骤1 将黄豆芽择洗干净，香菇、冬笋切成小块备好。

步骤2 锅中放少许植物油，油热后放黄豆芽煸炒一下。

步骤3 将黄豆芽和其他原料一起放入汤锅中。

步骤4 视原料多少，加2倍以上清水。

步骤5 水烧开后，加葱段、姜片三四块。

步骤6 再烧滚后撇去浮沫，转用小火约煮1小时即成。

三、注意事项

1. 黄豆芽必须先煸炒一下，以除去豆腥味。

2. 起锅时放入盐，不需要放味精。

学习单元2　制作鱼、虾、鸡类茸胶菜品

学习目标

1. 了解制作茸胶菜品的方法。

2. 能够制作清汤鱼丸。

知识要求

一、鱼茸、虾茸、鸡茸的特点

1. 鱼茸

鱼茸是指将鱼肉去骨、去皮后经粉碎加工成茸状，加入蛋清、淀粉、油脂等调料和辅料，搅拌上劲而制成的黏稠状胶体物料。一般采用汆、煮、蒸等加热方法成菜。

在菜肴制作中，鱼茸的使用非常广泛，既可以作为花色菜肴造型的辅料和黏合剂，也可以独立成菜。成菜有滑爽、鲜嫩、质感细腻、入口化渣等特点。

2. 虾茸

把鲜虾仁放入加盐的清水中，用筷子搅一会儿，使虾肉上残存的薄膜脱落。再用水继续冲几遍，直到薄膜、虾脚冲尽，成为雪白的虾仁，沥干水分。再用白净布按干水分后，用刀平拍烂。把肥膘肉切成小薄片，合在一起用刀和刀背捶剁成细泥（无筋、无粒）。将姜、葱捣烂用料酒取汁，与蛋清、适量的湿淀粉、盐、味精和少许汤一起加进去，搅拌成虾茸。

3. 鸡茸

由于鸡肉本身肉质细嫩，没有筋，可以直接用刀背剁碎，但是鸡肉黏性比较差，必须加上一点肥猪肉同剁，才能增加黏性，成为鸡茸。一般加 20% 左右肥猪肉。

二、加工鱼茸、虾茸、鸡茸的细节

鱼茸、虾茸、鸡茸加工过程就是用刀刃和刀背将鱼、虾、鸡肉等剁烂，使其成为很细的泥状（茸胶）。泥茸是茸泥制品的原材料。加工泥茸时，主要采用排剁法（双刀剁）、刀背砸法或剁法以及过箩等一系列加工工艺，如图 1—25 所示。

图 1—25　加工时常用刀法

在加工过程中，要剔除筋膜。现在为了节约时间，也有采用绞肉机加工茸泥的。茸泥制品就是用泥茸状原料加入调味料搅拌制成的烹饪制品，茸泥制品分软、硬两种，如可制作鸡肉馅、虾肉丸子、鱼丸等。

三、加工工具

家用绞肉机、笊筛。

技能要求

制作清汤鱼丸（见图1—26）

图1—26　清汤鱼丸

一、操作准备

1. 原料

胖头鱼鱼肉1 000克、纯净水1 400毫升。

2. 调料

盐10克、植物油50克、青菜20克、胡椒粉2克。

3. 工具

菜刀、案板、家用绞肉机、笊筛、不锈钢盆等。

二、操作步骤（见图1—27）

步骤1　取1 000毫升纯净水与净鱼肉（切片）同时放入绞肉机中，制成鱼茸，将绞好的鱼茸倒入网筛中，过笊去掉渣滓。

步骤 2　将净鱼茸放入不锈钢盆中，加入盐用筷子向一个方向搅拌，使其充分上劲，将剩余 400 毫升纯净水分 5 次加入，边加水边搅拌，最后加入植物油，搅拌均匀。

步骤 3　挤鱼丸的手法就是用手握住鱼肉，通过虎口，挤出圆形鱼丸，倒在一个小勺子上，轻轻地放到水温为 60℃ 的汤锅里，慢慢加热至 90℃；捞出放入温水中。

步骤 4　将鱼丸放入调好的鸡汤中，加热至微沸，放入胡椒粉，放入青菜点缀即可。

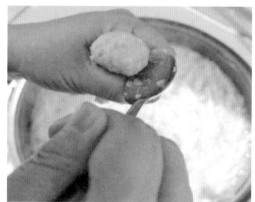

图 1—27　制作过程

三、注意事项

1. 清汤鱼丸的主料可以是任何鱼，但随着各种鱼的胶质、肉色、水分、肉质粗糙程度的不同，鱼丸的质量也是有明显差异的。根据鱼的价格、鱼丸质量，一般采用胖头鱼制作鱼丸，性价比较高。

2. 鱼茸打好后不要马上用，要放置 15 分钟，因为其中有气孔，可让鱼茸充分涨足，这样成品洁白、细腻，富有弹性。

学习单元 3　走油及走红

学习目标

1. 了解食物走油及走红。
2. 能够炸鸡翅。

知识要求

一、走红

走红又称上色，是增加原料色泽、香味，去除异味，使之定形，符合成菜要求的一种初步熟处理方法。主要为烹调中烧、焖、扒等做准备，多用于韧性动物性原料的加工。

走红的方法有两种，第一种是将原料投入各种有色调料汁中加热使原料着色；第二种是将原料表面涂上某些调味品，经油炸着色，即"过油"走红，又称油炸"走红"。

这种方法不只应用于初步熟处理，在烹调中也常应用，只不过往往是初步熟处理的着色与烹调成熟几乎同时进行。如炸鸡翅时，常先用酱油腌制，经油炸既着色又成熟、成菜。另外，烤鸭、白案中的烤烧饼等也常使用饴糖作为着色剂，其着色方法、原理、作用与走红相同，只不过是加热方式不同而已。

二、走油

走油就是过油，就是先把原料码味后滑一下油，预制成半成品。

三、加工工具

炒锅、案板、菜刀、不锈钢盆、漏勺、铲子等。

技能要求

炸鸡翅（见图1—28）

图 1—28　炸鸡翅

一、操作准备

1. 原料

鸡翅中 300 克。

2. 调料

鸡蛋液 150 毫升，面包屑 250 克，面粉 40 克，料酒 10 毫升，生抽 5 毫升，胡椒粉 1 克，姜汁 5 毫升，植物油 250 毫升、盐 5 克、花椒盐 10 克。

二、操作步骤

步骤 1　将鸡翅中洗干净，控净水分，在鸡皮上剞几刀（容易上色入味），然后用料酒、生抽、姜汁、盐、胡椒粉腌渍 1～2 小时。

步骤 2　将鸡翅中放入面粉盆中裹匀，然后用鸡蛋液拌匀，再将鸡翅中放到盛有面包屑的盘中，粘匀并按实。

步骤 3　将鸡翅中放到油锅中用温油炸熟即可，可蘸花椒盐佐食。

三、注意事项

1. 炸鸡翅中时可先入较高温度的油锅中定形，待油温降低后，再将鸡翅中放入油锅炸熟。

2. 腌制鸡翅中时也可选用市场上的成品炸鸡料。

学习单元4 用烤、熘、爆、扒、煨等技法烹制菜肴

1. 了解烤、熘、爆、扒、煨等烹饪技能。
2. 能制作烤羊肉串、滑熘里脊、爆羊肉、扒肉条、小米煨海参。

知识要求

一、烤、熘、爆、扒、煨

由于原料广泛，我国的菜肴烹调方法各不相同，就是同一种原料在各个地区烹饪的要求也不一样，形成了多种多样的烹调方法。下面简要介绍几种烹饪技能。

1. 烤

烤的食品很多，如烤鸭、烤羊肉串、烤鱼、烤肠、烤鸡翅、烤馒头等。其做法基本上是先把原料进行走红腌制，然后放到烧炭的烤炉上烤熟或者放在电烤箱中直接烤熟即可。

2. 熘

熘一般分为两个步骤，首先是炸，然后另起炒锅，将调好的卤汁浇淋在炸过的原料表面，颠炒几下即成。一般要求旺火快炒，以保持香脆、滑软、鲜嫩等特点。

熘分为软熘、糟熘、焦熘等几种：原料经过干炸后用糖醋汁浇淋一下出锅称为焦熘，如糖醋里脊等；用糟卤浇汁的称为糟熘，如糟熘鱼片等；也有不经过油炸，而在蒸熟后直接浇汁的，则更加软嫩，称为软熘，如软熘草鱼等。

3. 爆

爆是指用细嫩、无骨的原料放入旺火热油的炒锅中，加上预先兑好的调料汁，迅速颠炒几下出锅，吃时脆嫩爽口，吃完盘内无汁，如葱爆羊肉、酱爆鸡丁等。

4. 扒

扒和烧菜有些相近，扒菜起锅前须勾芡，所以汤汁稠厚，如扒肉条等。

5. 煨

煨就是用文火慢炖不易酥烂的原料，如煨猪蹄等。

二、加工工具

加工工具各有不同，有烤炉、电烤箱、炒锅、炖锅等。

技能要求

技能1 烤羊肉串（见图1—29）

图1—29 烤羊肉串

一、操作准备

1. 原料

羊肉（肥瘦相间）2 000克。

2. 调料

盐40克、辣椒粉30克、孜然粉50克。

二、操作步骤

步骤1 将羊肉切成小厚片。

步骤2 将洋葱切碎。

步骤3 将羊肉片、洋葱拌在一起，腌0.5小时左右。

步骤4 再用铁签或者竹签将羊肉片串成15串。

步骤5 将电烤箱通电预热5～10分钟后，将肉串架在金属烤架上面，撒上盐、辣椒粉和孜然粉，送入烤箱烤约12分钟。

步骤6 再翻身撒上盐、辣椒粉和孜然粉，继续烤约5分钟，至熟即成。

三、注意事项

1. 宜选精瘦羊肉，或肥瘦相间者，剔净筋膜，带筋嚼不动。
2. 烧木炭对环境有污染，用电烤炉烤味道较好。

技能 2　滑熘里脊（见图 1—30）

图 1—30　滑熘里脊

一、操作准备

1. 原料

猪里脊肉 300 克、冬笋 100 克。

2. 调料

植物油 250 毫升、鸡蛋清 2 个、葱丝 10 克、姜末 10 克、蒜末 10 克、生抽 10 克、料酒 15 克、盐 5 克、味精 1 克、水淀粉 20 克等。

二、操作步骤

步骤 1　将里脊肉洗干净，切成薄片，用清水、生抽、料酒、盐、鸡蛋清、水淀粉抓一下。

步骤 2　将盐、味精、姜末、葱丝、蒜末用水淀粉调和均匀，制成芡汁。

步骤 3　将热锅中倒入植物油，待油温热时，将里脊肉片抖散入锅，滑至散透，出锅控油。

步骤 4　原锅回火，放冬笋片、芡汁、肉片，翻炒均匀，淋上香油出锅装盘。

三、注意事项

此菜炒出后鲜嫩、清爽，在肉片滑油时要注意火候，油温不能过高。

技能 3　爆羊肉（见图 1—31）

图 1—31　爆羊肉

一、操作准备

1. 原料

羊腿肉 250 克。

2. 调料

葱 200 克、姜末 1 克、蒜 2 瓣、香菜 5 克、白糖 3 克、花椒粉 0.25 克、料酒 10 克、酱油 10 克、盐 2 克、醋 3 克、植物油 50 克、香油 2 克。

二、操作步骤

步骤 1　将羊腿肉去筋，切成大薄片；葱切成旋刀块，爆炒后可成片。

步骤 2　将葱块、植物油、酱油、盐、料酒、花椒粉、羊腿肉片拌和在碗里。

步骤 3　用植物油、蒜、姜炝锅烧至高热时，将放在碗里的羊腿肉片、葱等材料倒入，用大火很快地爆炒几下，淋上香油、醋、香菜起锅。

三、注意事项

1. 切羊肉时一定要剔去筋膜，横切成片。

2. 切肉前最好将其放入冰箱冷冻室里冻硬一点，这样更好切。

技能 4　扒肉条（见图 1—32）

图 1—32　扒肉条

一、操作准备

1. 主料

牛肉 400 克。

2. 配料

香菜 20 克、葱 10 克。

3. 调料

花椒 2 克、姜片 5 克、料酒 10 克、酱油 15 克、盐 3 克、味精 1 克、白糖 5 克、鸡汤 200 克、植物油 50 克、香油 5 克、淀粉 10 克。

二、操作步骤

步骤 1　将牛肉入汤锅内煮至熟烂捞出，晾凉。

步骤 2　切成 2～4 厘米宽、8 厘米长的肉片，摆入盘内。

步骤 3　炒锅内加植物油烧热，放入葱段、姜片、花椒炸香捞出不用。

步骤 4　炒锅内加鸡汤、料酒、酱油、盐、白糖烧开，推入肉片，用小火扒至入味，加味精至汤浓。

步骤 5　翻一下勺，用淀粉勾薄芡，淋入香油后出勺盛入盘内，撒上葱花，两边放上香菜段即成。

三、注意事项

此菜也可以用猪后腿肉制作。

技能 5　小米煨海参（见图 1—33）

图 1—33　小米煨海参

一、操作准备

1. 主料

发好的海参 1 条。

2. 配料

小米 25 克、姜 2 克、清汤 1 000 毫升、浓汤 850 毫升、料酒 20 毫升。

3. 工具

汤锅、蒸锅。

二、操作步骤

步骤 1　将发好的海参去掉肠肚，切成小丁。

步骤 2　用加了料酒的水将海参汆两遍，然后用清汤煨制入味。

步骤 3　将小米放在浓汤中炖成粥状。

步骤 4　将炖好的海参放入小米浓汤粥中，上火再蒸 10 分钟即可。

三、注意事项

此菜不需要加盐，因为高汤已有淡淡的咸味。

学习单元 5　制作 5 种中式糕点

学习目标

1. 熟悉中式糕点制作的知识。

2. 能够制作 5 种以上中式糕点。

知识要求

一、中式糕点特点

1. 种类繁多

我国由于地域广阔，各地中式糕点花样繁多，具体表现在以下几个方面：

（1）因不同馅心而形成品种多样化

例如，包子有鲜肉包、菜肉包、叉烧包、豆沙包、水晶包等，水饺有三鲜水饺、高汤水饺、猪肉水饺、鱼肉水饺等。

（2）因不同用料而形成品种多样化

例如，麦类制品中有面条、蒸饺、锅贴、馒头、花卷、银丝卷等，米粉制品中的糕类粉团有凉糕、年糕、发糕、炸糕等。

（3）因不同成形方法而形成品种多样化

例如，包法可形成小花包、烧卖、粽子等，捏法可形成鸳鸯饺、四喜饺、蝴蝶饺等，抻法可形成龙须面、空心面等。

2. 讲究馅心，注重口味

馅心的好坏对制品的色、香、味、形、质有很大影响。中式糕点尤其讲究馅心，其具体体现在以下几个方面：

（1）馅心用料广泛

这一点是中点和西点在馅心上的最大区别之一。中点馅心原料多种多样，如果酱、蔬菜、水果、蜜饯等都能用于制馅，这就为种类繁多、各具特色的馅心提供了原料基础。

（2）精选用料，精心制作

馅心原料的选择非常讲究，所用的主料、配料一般都应选择最好的部位和品质。制作时，注意调味、成形、成熟的要求，考虑成品在色、香、味、形、质各方面的配合。例如，制鸡肉馅选鸡脯肉，制虾仁馅选对虾；根据成形和成熟的要求，常将原料加工成丁、粒、茸等形状，以利于包捏成形和成熟。

（3）中式糕点注重口味，则源于各地不同的饮食生活习惯

在口味上，我国自古就有南甜、北咸、东辣、西酸之说。因而在中点馅心上体现出来的地方风味特色就显得特别浓郁。例如，广式面睃缝馅心多具有口味浓醇、卤多、味美的特点。在这方面，广式蚝油叉烧包、天津狗不理包子、淮安汤包等驰名中外的中华名点均是以特色馅心而著称于世的。

3. 成形技法多样，造型美观

面点成形是面点制作中一项技术要求高、艺术性强的重要工序，归纳起来大致有18种成形技法，即包、捏、卷、按、擀、叠、切、摊、剪、搓、押、削、拨、钳花、滚沾、镶嵌、模具、挤注。通过各种技法，又可形成各种各样的形态。通过形态的变化，不仅丰富了面点的花色品种，而且还使得面点千姿百态，造型美观、逼真。

例如，包中有形似蝴蝶的馄饨、形似石榴的烧卖等，卷可形成秋叶形、蝴蝶形、菊花形等造型。又如，苏州的船点就是通过多种成形技法，再加上色彩的配置，捏塑成南瓜、桃子、枇杷、西瓜、菱角、兔、猪、青蛙、天鹅、孔雀等象形物，色彩鲜艳，形态逼真，栩栩如生。

二、加工工具

烤箱、饼铛、蒸锅、面盆、案板等。

技能要求

技能1 肉夹馍（见图1—34）

图1—34 肉夹馍

一、操作准备

1. 主材

面粉260克、清水150克、猪五花肉150克。

2. 配料

酵母2克，青尖椒或柿子椒3个，香菜5克、食盐5克、植物油30克、老抽10

克、料酒 10 克。

二、操作步骤（见图 1—35 和图 1—36）

步骤 1　将酵母用 30℃左右的水稀释，静置 3 分钟。

步骤 2　添加面粉，用筷子搅拌成湿面絮。

步骤 3　揉成光滑的面团，盖上保鲜膜，放温暖处饧发。

步骤 4　面团饧发至 2.5 倍大小，取出揉匀排气。

步骤 5　分割成大小均匀的小面团。

步骤 6　揉匀，擀成圆饼，盖上湿布再次饧发。

步骤 7　待饼坯饧发至蓬松轻盈状，移入平锅，正反两面烙熟即可。

图 1—35　饼的制作

步骤 8　将卤好的猪五花肉、辣椒和香菜切碎拌匀。

图 1—36　切肉、菜填入

步骤 9　将面饼从中间切开，注意不要切断，填满馅料，夹而食之。

三、注意事项

1. 面饼做得薄一点易熟。

2. 二次饧发无须太长时间。

3. 烙饼时全程用小火，免得外焦内生。

4. 若怕饼里面不熟，可以稍微加一点热水，盖上锅盖，烙到水分收干至饼皮表面干爽。

5. 卤好的肉可加上些卤汁，口感更加丰盈。

6. 对不能吃辣者，可选用柿子椒。

7. 做馅的肉或菜可随个人喜好选择。

技能 2　南瓜双色花卷（见图 1—37）

图 1—37　南瓜双色花卷

一、操作准备

原料包括以下两部分：

1. 南瓜面团

蒸熟南瓜泥 150 克、中筋面粉 250 克、酵母粉 2.5 克、水 20～40 克、糖 10 克、盐。

2. 白面团

中筋面粉 250 克、牛奶 140 克、酵母粉 2.5 克、糖 10 克、盐 1 克。

二、操作步骤（见图 1—38 和图 1—39）

步骤 1　分别将南瓜面团和白面团的材料混合，揉成光滑有弹性的面团，发酵成原面团2倍大。

步骤2　将发好的面团移到案板上，分别慢慢加入30～40克的中筋面粉连续揉搓，揉搓成光滑、没有气泡的面团。

步骤3　将两个面团分别擀成同样大小的长方形叠在一起，将长方形每隔4毫米用滚轮刀切开，再在每个上面均匀划上3刀，上下留1毫米不要切断。

图1—38　和面并擀成类似长方形

步骤4　把每一块面片卷成麻花状，打个单结，两端收口压到面团底下，将整好型的花卷继续静置松弛约15分钟，放入水已煮沸的蒸锅中，中火蒸12分钟左右即可。

图1—39　做成花卷并蒸熟

三、注意事项

花卷蒸熟后揭开锅盖时温度比较高，不要烫伤手臂。

技能 3　烧麦（见图 1—40）

图 1—40　烧麦

一、操作准备

1. 原料

面粉 250 克、淀粉 50 克、猪肉 250 克、香菇 12 朵、胡萝卜 1 根。

2. 调料

香油、盐、糖、料酒、胡椒粉、葱、鲜酱油、鸡精。

二、操作步骤

步骤 1　把面粉放入大碗，加 3 勺淀粉，用温水和面，把面团揉匀，用保鲜膜盖住，饧 20 分钟。

步骤 2　将猪肉洗净，切成丁，再剁成肉馅，如图 1—41 所示。

图 1—41　做肉馅

图 1—42　拌烧麦馅

步骤 3　将胡萝卜洗净、切碎，香菇浸泡好，洗净、切碎。

步骤 4　往肉馅中分 3 次加水，向一个方向搅拌。

步骤5 加入盐、糖、料酒、鲜酱油搅拌均匀。

步骤6 加入胡椒粉、淀粉、鸡精、香油、葱搅拌均匀。

步骤7 放入香菇、胡萝卜丁，搅拌好成烧麦馅，如图1—42所示。

步骤8 把饧好的面团揉成长条，切成剂子。

步骤9 擀成圆形烧麦皮，再加淀粉，用擀面棍擀出荷叶边。

步骤10 包上馅料，上口处做成花样，如图1—43所示。

步骤11 取蒸锅，往屉上刷些油，放入烧麦生坯。

步骤12 大火蒸10分钟左右关火，焖1分钟取出即可，如图1—44所示。

图1—43 包馅并做成花样

图1—44 成品

三、注意事项

1. 烧麦的馅料很丰富，可以根据需求添加。

2. 也可以买饺子皮作为烧麦皮。

技能4 面食"一窝猴"

一、操作准备

原料：面粉250克、发酵粉（或酵母）2克、黄油20克、盐（糖）5克、芹菜汁100毫升、胡萝卜汁100毫升。

二、操作步骤

步骤1 发面。将面粉、温水、酵母调制成面团，发酵（2小时）；或者用面粉加适量发酵粉、温水发面（0.5小时）。

步骤2 待面发好。把发好的面分成等量两部分，一部分待用，另一部分再分成

三等份：一份加少量芹菜汁揉面静置，一份加少量胡萝卜汁静置，最后 1/3 的面团直接擀成长方形薄片，加适量黄油和盐（或糖）做成小花卷，如图 1—45 所示。

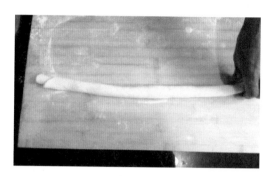

图 1—45　做成花卷

步骤 3　把加芹菜汁的绿面团和加胡萝卜汁的面团分别做成小花卷待用。

步骤 4　把剩余的面团做成薄厚适度的包子片，然后把三个颜色的小花卷放入里面，收口后搓成馒头形，如图 1—46 所示。

图 1—46　形成馒头形

步骤 5　待全部做完，坐锅烧水，等水开时间作为饧置时间（饧置时间不宜过长）。

步骤 6　上锅蒸 20 分钟，关火 5 分钟后起锅，成品如图 1—47 所示。

图 1—47　成品

三、注意事项

花卷加蔬菜汁一是营养丰富；二是颜色鲜艳，可促进食欲。加盐和糖按口味自己
选择。

技能5　黄金盘丝饼（见图1—48）

图1—48　黄金盘丝饼

一、操作准备

原料：面粉200克，食用碱面8克，盐、香油各5克，白糖30克，植物油
150克。

二、操作步骤

步骤1　把面粉倒入盆内，再倒入含8克盐的温水800克，搅拌均匀，把面揉光，
饧10分钟左右，将5克碱面溶入25克温水中待用。

步骤2　把面团移到面案上，再揉一遍，搓成直径为8厘米左右的长条。将碱液
均匀地抹在长条面上，用双手抓住长条面的两端在面案上摔打，先将面的中间部分向
上抛，再往下顿摔，待面有劲后，站立用手提两端溜面。如此反复6次，再开始抻小
条（就像兰州拉面那样抻）。

步骤3　用两手抓住溜好的条面，两端对折，用力要均匀，上下微微抖动着向外
抻拉，将条面抻拉到约150厘米长时，用两手的食指交叉在条面的两端抻拉、对折、
再抻拉，如此反复7次即可。把两端的面头去掉，每次在对折前都要撒点面。用刷子
蘸油先刷一面，翻过抻好的面也刷上油，油要刷得均匀，每根面丝都有油。刷好油后，
用刀把面切成30份（有的是先分切面段，后逐个刷油），如图1—49所示。

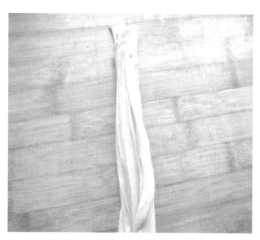

图 1—49　和面、拉面

步骤 4　取一段面条丝，从一头卷起，先从面段的一端顺时针方向盘转，卷成圆形，另一端压在面剂底下，再用手轻轻按压成直径约 8 厘米的圆形饼状，如图 1—50 所示。

图 1—50　做成圆饼形状

步骤 5　平锅内加入植物油，烧至六成热时，把盘好的丝饼放入，慢火煎至两面呈金黄色成熟即可，如图 1—51 所示。

图 1—51　成品

三、注意事项

1. 抻面时要粗细均匀，盘饼时要盘整齐。
2. 用油煎时要注意油温，油不要太多。

学习单元6 研磨咖啡豆煮制咖啡

学习目标

1. 熟悉煮制咖啡的方法。
2. 能研磨咖啡豆并煮制咖啡。

知识要求

最古老的煮咖啡的方法来自于阿拉伯。按照这一古老方式，咖啡要用沸腾的开水反复煮三次之多。可以想象，经过三次烹煮的咖啡，其特有的风味和咖啡的香味早就消失殆尽了，剩下的唯有苦涩的味道，这也算是名副其实的"煮"咖啡。阿拉伯人并非不知道这种方法的弊端，因此，他们煮咖啡时加入一些植物来保存咖啡的香味和风味。但是尽管如此，其他地方的人们还是逐渐摒弃了这种方法，现在世界上煮咖啡的方法各式各样，人们乐于创造适合自己口味的特殊方法。

煮咖啡的"煮"是要用92～96℃的水将咖啡中的味道"洗"出来的过程。所以很多人会误解这个字。如果真把咖啡放入水中去"煮"，得到的饮料将不再是一杯咖啡，而是一杯焦煳味的苦水，因为这时水中的温度已达到96℃以上，96℃以上的温度可以把咖啡中的油质破坏，口感又辛又涩。

购买咖啡豆一次不宜太多，200～300克即可。煎炒过的咖啡豆常温下只能放一个星期，在冰箱里储存也只能保存2～3个星期不变味。而研磨好的咖啡粉在常温下只能放置3天左右。因此，咖啡最好现磨现用。

一、咖啡豆的研磨方法

咖啡豆一般可采用碾磨机磨碎，磨咖啡豆时要根据磨成粉末的粗细程度分为细、中、粗三类。按使用咖啡具的不同，研磨的方法也不同。细磨的咖啡适用于蒸汽加压

式咖啡器，中磨的咖啡适用于虹吸式咖啡器、绒布过滤式咖啡器、纸过滤式咖啡器和水滴落式咖啡器，粗磨的咖啡适用于咖啡渗滤壶和沸腾式咖啡壶。

二、咖啡冲泡的基本方式

比较常见的冲泡咖啡方法有 7 种，即纸过滤滴落式、绒布过滤滴落式、蒸汽加压式、水滴落式、虹吸式、传统的土耳其方式和渗漏方式。

其中纸过滤滴落式、绒布过滤滴落式适合冲咖啡粉，即在滤纸或绒布上放置一定量的咖啡粉，用细嘴的热水瓶将热水直接浇下，让咖啡液直接流到咖啡壶中。

蒸汽加压式适合细研磨的法国式咖啡或意大利式咖啡。它是利用蒸汽压力在瞬间抽出咖啡液，可以在浓苦味的蒸汽加压咖啡基础上不断变换花样。

使用水滴落式咖啡壶要有耐心。这种咖啡壶要使用冷水，在头天晚上将其安置好，次日早晨才能喝到咖啡。如果想喝热咖啡稍事加热即可。

土耳其式咖啡要用铜质带长把的器具煮咖啡，煮制的过程分为三次，每次都是在咖啡将要煮沸时离火，加少量的水再煮，适合深煎咖啡豆。

渗漏式咖啡器具以前在美国家庭很受欢迎，在日本也流行过，但目前已不太时兴。因为强火煮沸和过度抽出会令杯中的咖啡变浑浊。

三、常见花式咖啡的冲泡方法

1. 摩加薄荷咖啡

美国人较爱好这类巧克力薄荷味咖啡。其配制的方法如下：在杯中依次加入巧克力 20 克左右、深煎咖啡 20 克左右、1 小勺白薄荷，再加 1 大勺奶油，削一些巧克力，最后装饰一片薄荷叶即可。

2. 法利赛

法利赛是澳大利亚人较为钟情的咖啡。其制作方法如下：先在杯中倒入 10 克砂糖、20 毫升朗姆酒，用小勺一边搅拌一边加入深煎咖啡，然后加上一勺奶油，最后在奶油上滴几滴朗姆酒即可。

3. 那不勒斯风味咖啡

这种咖啡是在杯中注入很热的深煎咖啡，然后在表面放一片柠檬即可。

4. 俄式咖啡

俄式咖啡也叫摩加佳巴，具有浓厚的咖啡味道。制作方法如下：将深煎咖啡、熔化的巧克力、可可、蛋黄和牛奶在火上加热，充分搅拌，加入 1 小勺砂糖，搅拌均匀后加 1 大勺奶油，再削一些巧克力末做装饰即可。

四、煮制咖啡的方法

1. 电动咖啡机烹煮方法

使用电动咖啡机（见图1—52）煮制咖啡是一种简单易行的方法，电动咖啡机煮出的咖啡味道比较清淡。这种方法适合深度烘焙的咖啡。

以煮制3人份咖啡为例：先将350毫升水注入咖啡机的水箱，在过滤器中铺好滤纸，将咖啡粉均匀撒入，安装好咖啡壶，接通电源，然后耐心等待咖啡流淌出来即可。

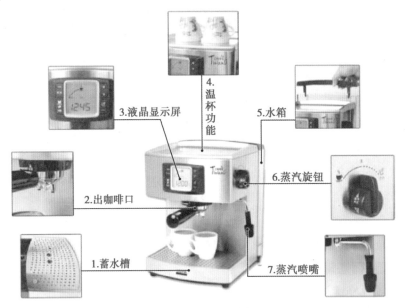

4.温杯功能

3.液晶显示屏

5.水箱

6.蒸汽旋钮

2.出咖啡口

1.蓄水槽

7.蒸汽喷嘴

图1—52 电动咖啡机

2. 蒸馏器烹煮方法

蒸馏器（见图1—53）是一种最好的咖啡制作设备，它制作出来的咖啡口味、液体都是最好的，且整个制作过程充满情趣。这种方法适合中度、深度烘焙的咖啡，最好是单饮咖啡。

以煮制3人份咖啡为例：在蒸馏器的球形烧杯中加入350毫升水，将酒精灯点燃，在提炼杯杯底铺上丝绒的过滤布，将弹簧拉到虹吸管前端固定。将咖啡粉置于提炼杯中，待水沸腾后，将提炼杯转入烧

图1—53 蒸馏器

杯中，并将咖啡粉搅拌均匀，稍微停顿 45～60 秒，用半湿的布擦拭烧杯，可见水位迅速下降。将酒精灯熄灭，咖啡液逐渐经过过滤布流入烧杯，等完全滴完即可取出烧杯，摇晃均匀烧杯内的咖啡液，倒入咖啡杯中即可饮用。

3. 摩卡壶烹煮方法

用摩卡壶（见图 1—54）烹煮咖啡是比较简单的咖啡制作方法，适用于各种烘焙程度的咖啡，混合、单饮俱佳。

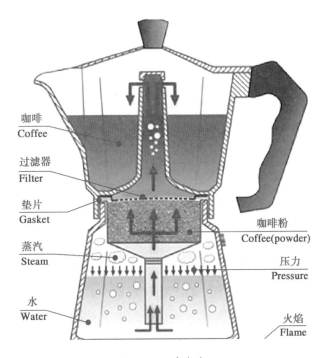

图 1—54 摩卡壶

以煮制 3 人份咖啡为例：将壶中滤斗取出，在壶内加入 350 毫升的水；再将滤斗置入，并在滤斗中加入咖啡粉，盖上壶盖；将壶置于燃气炉或者电炉上加热，壶内水沸腾后沿滤斗的吸管上涌，喷淋咖啡粉，完全喷淋后即可。喷淋时间可视个人口味自行确定，但喷淋时间不宜超过 5 分钟；否则，咖啡的味道会随蒸汽散失。

4. 滴滤冲泡法

将滤纸折成漏斗状，置于用热水加温过的咖啡壶的上面；然后把咖啡粉放在滤纸上，再把开水倒在上面，液体受到引力作用滴下，通过滤纸滴入下面的咖啡壶中，如图 1—55 所示。

这是一种需要耐心的方法，切不可图快；否则，咖啡粉溶解不充分，容易造成浪费，且制作好的咖啡清淡无味。这种方法适用于研磨得很细的咖啡。

图 1—55　滴滤法设备

5. 冲煮咖啡注意事项

（1）咖啡粉的使用分量必须足够。咖啡粉的分量应随个人喜好而定，通常用 8～10 克即可；而如果想咖啡味道较浓可用 15 克，且冲泡用水量要恰当；一般情况下每使用 15 克咖啡粉加水 180 毫升左右即可。

（2）冲调咖啡的水质和温度要适宜。如果水质不好，很难煮泡出上佳的咖啡，尤其不能使用含氯的水冲泡咖啡。由于沸腾的开水会使咖啡变苦，因此不要煮沸咖啡，比较适当的冲泡水温应低于 96℃。咖啡的最佳饮用温度为 85℃。

（3）咖啡不可以再加热，冲煮时应注意仅煮每次所需的分量，且最好在刚煮好时饮用。

（4）不要重复使用咖啡残渣，因冲泡后的咖啡渣仅留下苦味。

（5）要根据所使用的咖啡器具选择恰当的研磨方式，研磨过细会使得咖啡较苦，同时也较容易堵塞咖啡器具。研磨过粗，则冲出的咖啡没有味道。

（6）经过适当研磨的咖啡粉，如以过滤式冲泡法进行冲泡，每次滴过的时间以 2～4 分钟为宜。

（7）随时保持咖啡器具的清洁。每次使用过的咖啡器具需要立刻清洗干净，放在通风的地方，保持清洁、干燥。

用咖啡机冲泡咖啡

常见咖啡机部件如图 1—56 所示。

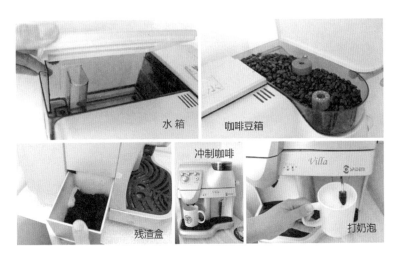

图 1—56　常见咖啡机部件

一、操作准备

原料：咖啡豆、纯净水。

二、操作步骤

步骤 1　在咖啡机内加好咖啡豆、纯净水。

步骤 2　接通电源，电源灯亮起，按需要的咖啡量转动箭头键。

步骤 3　将杯子放在龙头下面，等待一会，咖啡即可流出。

步骤 4　如需要打奶泡，只需将鲜奶倒进入奶口，再按下按键，把咖啡杯放在打奶棒下，一会奶泡会自动出来。这时可以加上糖，一杯香浓的咖啡就冲好了。

三、注意事项

1. 要及时处理咖啡残渣。

2. 一定要用纯净水冲泡咖啡，水质不好很难煮泡出上佳的咖啡。

特别提示
咖啡豆的保存方法

在家里想要喝到一杯香醇美味的咖啡，不仅需要冲煮得法，而且需要正确保存开袋后的咖啡豆。

1. 保存咖啡豆最好选择不锈钢材质的密封罐，不能选用铝制或塑料材质的密封罐，因为这两种材料的罐子比较容易吸收异味。

2. 如果打算在两周内使用的咖啡豆，可将其放在密封罐里，然后放到阴凉干燥处即可。如果需长期存放，就需要将咖啡豆放到冰箱里冷藏。

3. 研磨过的咖啡粉不容易保存，整粒的咖啡豆保存会长久一些。而且冲泡咖啡时，现研磨咖啡豆会更香。

4. 冰箱冷冻过的咖啡豆不需要解冻，可以直接研磨后冲煮。开袋后的咖啡豆一定要密封好再放回冰箱。

第2章
美化家居

第1节　美化居室

学习单元1　识别与选择花材

学习目标

1. 掌握家庭常用插花花材。

2. 了解常见花材的寓意。

3. 能根据形态识别并选择鲜切花插花材料。

知识要求

一、家庭常用插花花材

花材就是制作插花产品所用的材料。家庭常用的插花花材有鲜花花材、干花花材、人造花花材。

1. 鲜花花材

鲜花花材是指鲜切花及鲜切叶，包括植物的根、茎、果、藤蔓等。鲜花花材根据花材的形态可分为线形花材、团状花材、散状花材和特殊形态花材四类。

（1）线形花材

线形花材又称线条花，整个花材呈长条状或线状，在插花构图中起骨架轮廓的作用，决定插花作品的比例高度，起到活跃画面的作用。线形花材种类繁多，包括植物的枝条、根、茎、长形的叶片、蔓状的植物以及长条形或枝条形的花，如支杆呈长条状的银牙柳、富贵竹、迎春、连翘等；花序呈长条状的剑兰、蛇鞭菊、金鱼草、千蕨菜等；枝叶或花朵簇生在一起，布满枝条，整体上形成条状的天门冬、狐尾天门冬等；叶片细长的兰花、麦冬的叶片、刚草、剑叶等。线形花材如图2—1所示。

| 银牙柳 | 富贵竹 | 迎春 | 连翘 |

| 剑兰 | 蛇鞭菊 | 金鱼草 | 千蕨菜 |

| 狐尾天门冬 | 兰花 | 麦冬 | 刚草 | 剑叶 |

图2—1　线形花材

（2）团状花材

图 2—2　团状花材

玫瑰　　　　　　　　非洲菊　　　　　　　　百合花

康乃馨　　　　　　　朱顶红　　　　　　　　芍药

洋桔梗　　　　　　　绣球花　　　　　　　　唐棉

团状花材外形呈圆团状或块状，花朵或叶子比较大，有重量感，引人注目，常作为整个插花作品的焦点存在。团状花材又称焦点花、定形花，常见的有荷花、向日葵、玫瑰、非洲菊、菊花、百合花、康乃馨、月季、朱顶红、芍药、洋桔梗、绣球花、唐棉等。团状花材如图2—2所示。

（3）散状花材

散状花材分枝较多且花朵较小，一枝茎上有许多细碎的小花朵，一般用在线形花材和团状花材之间，具有填补造型空间、调和作品色彩的作用，是完成插花造型的重要花材。散状花材又称填充花、陪衬花、簇形花，常见的有满天星、情人草、勿忘我、小菊、小丁香、小苍兰等。散状花材如图2—3所示。

満天星　　　　　　　情人草　　　　　　　勿忘我

小菊　　　　　　　小丁香　　　　　　　小苍兰

图2—3　散状花材

（4）特殊形态花材

天堂鸟　　　　　　　　　红掌　　　　　　　　帝王花

马蹄莲　　　　　　　　　风轮花　　　　　　　五彩凤梨

美人蕉　　　　　　　　卡特兰

图 2—4　特殊形态花材

特殊形态花材一般指花材形体较大、花的形态奇特、容易引人注目的花材，在花艺造型中常作为团状花材使用，如图2—4所示。常见花材有天堂鸟、红掌、帝王花、马蹄莲、风轮花、五彩凤梨、美人蕉、卡特兰等。

另外，植物还有配叶，配叶即植物的叶片，以绿色为主。插花离不开配叶，绿色的叶片在插花作品中起着衬托插花主题和遮盖花泥的作用。常用的配叶有波斯草、吊兰、金钱叶、绿萝叶、兰花叶、龟背竹叶、凤尾葵叶等。插花配叶如图2—5所示。

波斯草　　　　　　　　　　　　　　吊兰

金钱叶　　　　　　　　　　　　　　绿萝叶

兰花叶　　　　　　龟背竹叶　　　　　　凤尾葵叶

图2—5　插花配叶

2．干花花材

干花花材是指利用干燥剂、通风方法等使鲜花迅速脱水而制成的花。这种花可以较长时间保持鲜花原有的色泽和形态，它既不失原有植物的自然形态美，又可随意染色、组合，插制后可长久摆放，管理方便，不受采光的限制，尤其适合暗光摆放。干花花材如图 2—6 所示。

图 2—6　干花花材

3．人造花花材

人造花花材是指由人工按照各种植物材料的形态仿制而成的花材，包括绢花、涤纶花、塑料花等，有仿真性的，也有随意设计和着色的，种类繁多。人造花花材大多色彩艳丽，变化丰富，易于造型，便于清洁，可较长时间摆放，如图 2—7 所示。

黄玫瑰绢花　　　　　　　　　　　　　牡丹绢花

图 2—7　人造花花材

二、常见插花素材的寓意

由于历史文化、民族信仰、风俗习惯及审美观念的不同，各个国家和地区对每种植物都有各自的象征意义和花语，插花作品应根据花材的寓意进行创作。常见花名及花材寓意见表2—1。

表2—1   常见花名及花材寓意

花名	花材寓意	花名	花材寓意
剑兰	高雅、长寿、康宁	天堂鸟	自由、幸福、吉祥
非洲菊	有毅力、适应力强	红掌	热情、热心、热血
康乃馨	慈祥、温馨、真挚	马蹄莲	纯洁、幸福、清秀
雏菊	娇小玲珑、精灵可爱	小苍兰	清新、舒畅
太阳菊	热情、活力	银柳	生命光辉，银元滚滚来
鸢尾	热情、适应力强	鸡冠花	独立、勤奋
勿忘我	友谊万岁、永远思念	水仙	清芳幽雅、冰莹秀丽
满天星	配角，但不可缺	桃花	美艳醉人、烂漫
郁金香	繁荣	牡丹	富贵荣华、繁盛艳丽
跳舞兰	青春活泼、知情识趣	大丽花	美丽璀璨、和气致祥
金百合	艳丽、高贵中显纯洁	迎春花	生命力强、清高孤寂
白百合	纯洁、百事合心	梅花	高风亮节、独立创新
非洲紫罗兰	亲切繁茂、永远美丽	君子兰	丰盛，有君子之风
荷包花	荷包饱满、财源滚滚	比利时杜鹃	鸿运当头，生意兴隆
仙客来	天真无邪、纯洁活泼	圣诞花	美满冷漠，会受苦
风信子	凝聚生命力、自我丰盛	万年青	健康长寿，青春活泼
一串红	喜气洋洋、满堂吉庆	荷花	脱俗持久、恩爱关怀
洋水仙	美丽、虚伪、自大	五代果	老少安康、金银无缺
玫瑰	爱情真挚、娇羞艳丽	桂花	和平、友好、吉祥
茉莉	朴素自然、清静纯洁	仙人掌	坚韧不拔
蝴蝶兰	美丽夺目，须时常滋润	富贵菊	富贵荣华、繁茂兴盛
秋石兰	欢迎	海棠	集中精力、活血壮筋

学习单元 2　插摆花卉

学习目标

1. 掌握插花工具使用方法。
2. 熟悉插花步骤。
3. 能依据家居环境插摆 3 种造型花卉。

知识要求

一、插花器具

插花是一门造型艺术，在造型过程中，需要借助一定的工具对花材进行整枝和妥善安插，常用的插花工具如下：

1. 插花工具

（1）花剪

花剪用于剪裁花枝，它不同于普通剪刀，柄长，刃短而厚，如图 2—8 所示。

（2）削刀

削刀用于砍削枝干、雕刻和去皮，如图 2—9 所示。

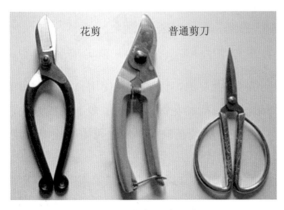

图 2—8　花剪和普通剪刀

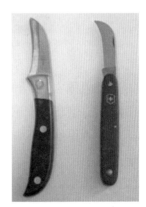

图 2—9　削刀

（3）花泥

花泥（见图 2—10）是一种固定和支撑花材的特制用具，质轻如海绵，吸水后重如铅块。由于花泥吸水、保水性能比较强，并且可以前后、上下、左右全方位固定，容易固定花材的状态，便于造型，是应用最多的插花固定材料。

花泥有绿色和淡豆沙色两种，绿色花泥用来插鲜花，淡豆沙色花泥用来插干花和仿真花。使用时先将花泥切成大小适合的块，然后吸足水，再放入容器内，将花枝直接插在花泥上，既能起固定作用，又能保持湿润。

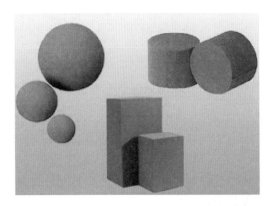

图2—10　花泥

花泥是一次性固定用品，插花孔洞不会复原，无法重复使用。通体透明的玻璃花器不宜使用花泥，会影响观感。如果没有花插和花泥，可取生萝卜切成方块，将花枝插在上面，四周再用重的石块将萝卜压住，不使花枝倾斜。也可用胶泥块固定花枝。

（4）花插

如图2—11所示，花插又称剑山、花插座，以铅、锡为底，密布的钉齿向上，有圆形、长方形、月牙形等形状，尺寸不一，用以固定水盆等浅口容器插花花枝的基部，保持所需的花枝倾斜角度，形成一定的插花方式。应根据花材大小和多少决定使用花插的大小、样式。花插使用后应清除污垢，校正歪斜的钉齿，收置于干燥处，以免生锈。

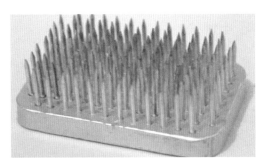

图 2—11　花插

（5）插花辅助工具

插花辅助工具包括美工刀、双面胶及透明胶带、订书机、彩纸、金属丝、钳子、喷雾器、缎带等，如图 2—12 所示。

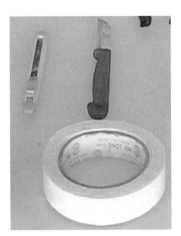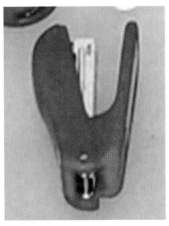

图 2—12　插花辅助工具

双面胶和透明胶带用于固定枝叶；美工刀用于切割花泥或包装纸等；订书机用于彩纸定形；金属丝用于固定花枝或枝叶定形；钳子用于剪断不同型号的金属丝；喷雾器用于为花材喷水，保持花、叶、枝面湿润，减少水分蒸发，使花枝艳丽；彩纸用于包装花束或做变化设计用；缎带用于衬托花型或包装配件。

2. 花器

花器是插花时用来放置插花素材的器皿。花器种类很多，一是质地各不相同，常见的有陶瓷、玻璃、塑料、竹木、藤、漆器、铜器、贝壳等；二是造型各异，有花瓶、水盆、花篮、笔筒、笔洗、竹筒、木桶、杯、盘、缸、壶、鼎、钵、罐、碟、碗、酒瓶、瓿等；三是风格迥异，有仿古的，有现代的，有中式的，有欧式的或其他异域风格的。各式花器如图2—13所示。

图2—13　各式花器

二、插花步骤

1. 构想

插花之前应做到"胸中有花"，根据插花作品使用或摆放的地点选择适当的风格、

造型、色彩搭配等，这是进行插花创作的首要工作，也是直接影响插花作品效果至关重要的一个环节。

2. 选材

（1）根据插花作品使用或摆放的地点选择合适的花材

不同的花材代表不同的寓意，插花之前，要根据插花作品使用的环境选择适合的花材。

（2）根据插花作品使用的场合选择花材花色

插花作品主色调要与使用环境相协调。红、橙、黄等浓重、温暖的色调适用于喜庆集会；明快、洁净的中性色调适用于书房、客厅和卧室；浅黄、绿、蓝、紫、白等冷色调常用于凭吊悼念场所。

（3）根据插花造型选择合适的插花器皿和辅助材料

花材与容器的色彩要协调。淡雅的花材（如菊花等）配素色的细花瓶，色泽浓烈、造型感强的花材（如大丽花等）配釉色粗陶罐，粉色小朵花材（如雏菊等或小菊）配浅蓝色水盂，非洲菊配晶莹、剔透的玻璃细颈瓶。

3. 修剪与保鲜

确定花材和作品风格、造型后，插摆之前要对花材进行前期处理。包括去掉花卉的残枝败叶，并根据不同式样造型，进行长短剪裁、弯曲、保鲜处理。

4. 插摆

插摆时顺序要正确，应先插高的，再插矮的；先插叶，后插花。具体来说，首先插线形花材，确定插花作品的风格、造型及高度；其次插叶，再插造型花，目的是突出主花，防止在插叶时将花的高度降低；最后插摆散状花材，完善插花作品。

5. 固定

依据所用插花的器具不同，用花插、花泥、金属丝等工具对花材进行造型固定。

三、插花种类

1. 瓶插

瓶插即花瓶式插花，它用花瓶作为插花容器，是插花的最基本形式。花瓶口径大时，需使用瓶口插架固定花枝。玻璃瓶插天堂鸟如图2—14所示。

2. 盆插

盆插是指利用水盆样浅口容器作为插花器皿，

图2—14 玻璃瓶插天堂鸟

借助花泥或花插固定花枝的一种插花形式，多见于西式插花。盆插剑叶如图2—15所示。

3. 花束

花束是一种不需要任何插花器皿的束把状插花形式，分单面观和四面观两种形式。制作花束分量不能太重，长度不超过50厘米，粗细以一手握住为宜，花材要选用无刺、有香味的，一般中间花枝长，四周短，扎好后外面包裹上包装纸，把柄处扎上蝴蝶结或丝带。包装纸和丝带是花束的重要配饰，制作时要精心选择。蓝色妖姬花束如图2—16所示。

图2—15 盆插剑叶　　　　　　图2—16 蓝色妖姬花束

4. 花环

花环是指将花材插摆在环形器物上的一种插花形式。环形器物一般用藤条或竹片弯曲成环状，外裹稻草便于插摆和固定。用于墙面装饰或特定节日时，应选用红色、黄色花卉，如月季、一品红、松果等，加红色丝带装饰；用于丧葬场合的花环应选择白色、黄色花卉，如马蹄莲、菊花、松枝、龙柏等，上挂挽联。仿真绢花花环如图2—17所示。

5. 花篮

花篮是指用木、竹、藤等材料编织的篮子作为花器，内置花泥、花插等插花器具，插摆鲜花或仿真花、干花等制作而成的插花作品。它是社交、礼仪场合最常用的插花形式，用于开业、致庆、迎宾、会议、生日、婚礼及丧葬等场合，可单面观或四面观。造型有扇面形、辐射形、椭圆形及不规则的L形、新月形等，花篮有提梁，便于携带。康乃馨花篮如图2—18所示。

制作花篮时要根据功能、场合、受礼者的爱好来确定花材、花色、造型和大小。为了显示花篮的独特性，也可以在花篮内铺上包装纸，外用丝带装饰。

图 2—17　仿真绢花花环

图 2—18　康乃馨花篮

6. 壁挂式插花

壁挂式插花又称挂花或吊花，它是一种特殊形态的插花方式，插花作品不是放置于桌面或地面，而是挂在墙面或吊在空中，所用花器多为半圆形花器或吊钵、小型花篮等，常见的造型有圆形、下垂形、T 形等。半圆形壁挂式插花如图 2—19 所示。

四、插花造型

1. 插花造型的原则

（1）构图完善

构图直接影响插花作品的效果。插花作品应该注重枝条、叶片的布置，讲究均衡，

图 2—19　半圆形壁挂式插花

做到重心稳重的同时又有险枝突出，有节奏感，以四面皆可观赏为佳。

一是要高低错落，体现参差之美。

二是要比例协调，花材与花器的搭配得当，花材高度与容器高度之比为 8∶5 或 5∶3。花材之间也要根据插花造型保持一定的比例。花材高度应以造型的最高花枝为准。

花束不用花器，比例掌握以扎束的地方为分界点，上为 2/3，下为 1/3。

三是要疏密有致，使用花材要适当，疏密相间，避免露脚、缩头、蓬乱，要让整个作品看起来有透视感、延伸感。

四是要上小下大，花材使用应为上小下大，上少下多。

（2）色彩协调

插花作品的色彩协调一是指花卉与花卉之间的色彩协调；二是指花卉与花器之间的色彩协调；三是指花卉与环境、季节之间的色彩协调。

1）花卉与花卉之间的色彩协调。插花的色彩搭配有多种方式，可以使用多种颜色，以其中的一种为主，其他的为辅；也可以使用两种颜色，且两种颜色无主次之分；还可以使用单色。不管使用几种颜色，都要注意色彩的整体和谐。运用两种以上花色时，要注意花色之间的协调，上部用浅色，下部用深色；体积小的花体用重色，体积大的花体用轻色。除此之外，要恰当运用绿叶的陪衬作用，"牡丹虽好，还要绿叶扶持"。绿叶有多种形式和色调，插花时要选择适合造型花的色调。

插花的用色要根据插花造型的需要进行变化，花色使用要个性突出，主次分明，要体现一种整体风格；或鲜艳华美，或清淡素雅，忌杂乱无章，缺乏特色。一般而言，东方式插花色彩整体效果以"雅"为佳，西方式插花则以"繁"为佳。

2）花色与花器之间的色彩协调。花卉与花器之间的色彩协调可通过两种方法进行配合：一是对比色组合，二是调和色组合。

对比色组合是指花卉与花器用色反差较大，或一明一暗，黑白对比，如白色花卉配黑色系花器；或一浅一深，黄与紫搭配；或一冷一暖，红花配绿色系花器等，从而使色感强烈、饱满、活跃、鲜明，引人入胜。

调和色组合是指花卉与花器用色相同而深浅不同，或同类色搭配，如橘红配大红、绿配青绿等；或近似色搭配，如红与橙、橙与黄、黄与绿、绿与青等，形成色彩的节奏感与韵律感，引人注目。

中性色与赤、橙、黄、绿、青、蓝、紫搭配也是调和色组合的一种，如黑、白、金、银、灰等中性色的花器配七彩花卉，两相组合彰显了花卉的鲜艳夺目。

3）花卉与环境、季节之间的色彩协调。选择插花作品颜色的基调时，要考虑使用的环境与季节因素，房间的家具及墙壁为浅色时要选用色彩相对艳丽的花卉；反之，家具及墙壁色彩较深时应选颜色浓重的花卉。同时，季节不同，花卉色彩选择也应有所区别；春季，选择色彩鲜艳的花材，给人以轻松活泼、生机盎然的感觉；夏季，花卉色彩应清新素雅，可选用一些冷色调的花，给人以清凉之感；秋季，可选用红、黄等明艳的花卉，与金秋相映；冬季，应选用暖色调花卉，色彩浓郁的花卉可使人们在寒冷的季节感到温馨和舒适。

（3）境物契合

插花作品被置放在一定的室内环境中，因此，插花创作要考虑空间大小、室内光线、背景色彩、家具形色、欣赏对象等多种因素。花卉与环境、季节相协调的同时，还要考虑氛围因素，节庆日或家里有喜事时，花色以轻松、热闹为主，可插得火红一

些；家有丧事时，花色宜朴素、清淡；平常之日，可结合季节因素，插花作品富于艺术创新为佳。此外，插花作品应与家装风格相融合。中式家具配中式陶质花器的东方式插花作品给人以古色古香之美；现代式家装风格宜摆放造型夸张、花器另类的插花作品；欧式家装风格宜摆放色彩浓郁、奢华型的花卉。

2. 插花造型方法

插花因花器、风格不同有多种造型方式，最常见的有以下几种：

（1）直立型

直立型插花（见图 2—20）是指造型花枝基本呈直立状，第一主枝插成垂直状态，可适度倾斜，夹角在 15°以内；第二、三主枝基本上也呈垂直状，也可适度倾斜，角度以不超过 30°为宜；总体轮廓应保持高度大于宽度，呈直立的长方形状。

插摆时，三个主枝不要插在同一平面内，应成一个有深度的立体，主枝之间要留有空间，既有稳定作用，又增加花型的透视感。直立型插花花型平和、稳重，多用于正式隆重的场合。

图 2—20　直立型插花

（2）倾斜型

倾斜型插花（见图 2—21）是指造型花枝呈倾斜状，以第一主枝倾斜于花器一侧为标志。第一主枝倾斜的位置掌控在垂直线或左或右 30°以下至水平线以下 30°的 90°范围内，但应尽可能避开与花器口水平线相交的位置。第二、三主枝围绕第一主枝进行变化，但不受第一主枝的限制，可以呈直立状，也可以为下悬状，保持与第一主枝呼应态势即可。忌三大主枝插在同一水平层次上。倾斜型插花具有一定的自然生长状态，花型清秀雅致，耐人寻味，适用于日常生活。

图 2—21　倾斜型插花

（3）平出型

平出型（或称"平铺型"）插花是指造型花枝呈水平状，花枝间没有明显的高低层次变化，三个主枝都在一个平面上，只是向左右平行方向做长短的伸缩，中间插入造型花使其略微凸起。插摆时，一般将第一主枝插在花器的一侧，第二主枝插在另一侧，第三主枝根据作品重心平衡情况插入。第一、二主枝也可以出现在同一侧，第三主枝承担平衡任务。需要指出的是，花枝的水平状并不是绝对的，允许花枝在水平线上下各 15°范围内浮动。平出型插花视线低，比较适合布置餐桌、茶几、会议桌，也适合俯视的装饰环境。平出型插花如图 2—22 所示。

图 2—22　平出型插花

（4）下垂型

下垂型（又称"悬崖型"和"垂挂型"）插花是指造型花枝在花器上悬挂下垂，如藤蔓垂挂，总体轮廓呈下斜的长方形。插摆时，第一主枝斜插或平行插入花器后，向下弯曲在水平线以下 30°外的 120°范围内。第二、三主枝插入的位置可以有所变化，

但需与第一主枝保持趋势的一致性，不能各有所向。三大
主枝在花器上方均不宜呈现太高，但又忌直接在水平线以
下插摆。下垂型插花较多运用于高的花器或壁挂式、吊
挂式花器，对花材长度没有明确规定，可长可短，主要根
据花器情况和摆设位置来决定。下垂型插花的造型花材宜
选用藤蔓植物或花枝柔韧、易弯曲的植物，使作品保持自
然状态下的曲线美感。花材较硬时，可用金属丝做机械弯
曲。如使用的是花枝，花头的朝向应与视角一致，视角高
的，花头向上；视角低的，花头朝下。下垂型插花线条
流畅，格调高逸，画面生动而富于装饰性，一般陈设在高
处，供仰视欣赏。下垂型插花如图 2—23 所示。

图 2—23　下垂型插花

（5）半球形

半球形（或称"圆弧形"）插花是指插花造型呈半球
状，无造型花枝和团状花枝之分，以花朵为主体，花枝间
没有明显的高低层次变化，长度相同，密集分布，圆弧状
向外发展，似圆非圆，最外部用细长的叶片勾形。半球形插花注重色彩的绚丽、浓重，
多选用康乃馨、非洲菊、百合花、菖兰、菊花、郁金香、玫瑰等花材，造型稳重雍容，
柔和浪漫，可四面观赏，适用于婚礼、节日等场合。半球形插花如图 2—24 所示。

图 2—24　半球形插花

图 2—25　三角形插花

（6）三角形

三角形插花的花型为三角形；插花时，先将第一枝定形花按与花器的比例高度直

接插在花泥上，再把第二、第三定形花枝按第一定形花枝1/3左右的长度横插在花泥两侧，与第一花枝形成三角形；然后将长度与第二、第三定形花枝一样的第四定形花枝插在花泥的前方，与第一、第二、第三定形花枝均成90°角，随后按三角形轮廓插摆填充花，最后在第一定形花枝的前方位置插摆焦点花。三角形插花是单面观的花型，常用于墙边桌面或角落家具上。三角形插花如图2—25所示。

　　西式插花还有"圆锥形""S形""L形"等个性较强的插花造型。圆锥形插花是指造型花呈直立状，上尖，向下渐宽，似宝塔状。花材以草本花木为主，使用的量较大。L形插花多运用水盆作为花器，花枝插入点以花器的一侧为宜，左右均可。以右为例，第一主枝呈直立状插入花器右侧，第二主枝微斜也插于右侧，第三主枝左侧贴近水盆面横插。S形插花以花体曲线似S形而得名，与悬挂式插花有相似之处，花器较高时采用此法插摆。花材宜选用有曲线的花枝，也可用穗状花序的花枝。

五、养护插花作品

1. 鲜切花插花作品保鲜

（1）插花前保鲜处理

1）插花前将失水较严重的花枝用深水浸至花颈部位约0.5小时。

2）插花前用注射器把水由茎端注入茎内，此法适用于茎部导管较大的花材及水生花材。

（2）保障水分供应

1）保证鲜插花作品不离水源，保持足够的水分，瓶插花枝要伸展到水中。

2）经常更换花瓶或花盆中的水，夏季每隔1～2天、秋冬季每隔2～3天更换花器中的水，以免水质变坏，影响鲜花的寿命。

3）经常用细喷壶在叶面上喷水，防止植物失水萎蔫。

4）使用花泥插花时，要将切花插到一定的部位，这样有利于切花的保鲜。

（3）花材切口处理

1）切口灼烧法。对含乳汁及多肉的木质茎花材，如牡丹、芍药、一品红、橡皮树等，剪切后应立即用火烧焦切口处，阻止乳汁或浆液外流，防止切口腐烂，以达到保鲜的目的。

2）切口浸烫法。对吸水性差或含乳汁的草花，如猩猩草、银边翠等，可将茎端2～3厘米处浸入沸水中，约40秒后取出插摆，此法适用于水中插花。

3）涂抹或浸渍切口。用酒精、盐等浸渍切口可杀菌、防腐，提高花茎吸水力，利于保鲜。

4）切口保鲜。给插花换水时，在不影响和破坏造型的前提下，可将花枝剪去

2~3 厘米，重新更替切口，有利于花材吸水。

（4）避免阳光直射

插花作品不要放在高温或阳光直射处，同时应远离风口。

（5）溶剂保鲜

1）在插花器皿的水中放入 0.1% 的盐可以防腐；放 0.1% 的糖增加营养，有利于延长花期。

2）在插花器皿的水中放入 1∶4 000 的高锰酸钾或适当的硼酸、硫黄、水杨酸、维生素溶液等或一片阿司匹林，有延长花期的作用。

此外，对某些枝条硬而脆的花枝，插瓶前不要剪断，改用手折断，可延长使用期。

相关链接

常见花材保鲜窍门

1. 梅花：剪口切成十字形，浸入水中。

2. 杜鹃花：切口用锤子击扁，在水中浸泡 2 小时，可延长保鲜时间。

3. 秋菊花：在剪口处涂少许薄荷晶。

4. 蔷薇花：将剪口用火烧一下，再插入花瓶。

5. 山茶花：浸入淡盐水中。

6. 百合花：浸于糖水中。

7. 郁金香：数枝扎束，外卷报纸再插入瓶中。

8. 莲花：折下后用泥塞住气孔，再插入淡盐水中。

9. 对于玉兰、梅花、紫藤等花，可击碎其花枝末端长 3 厘米左右，以增加吸水面积，延长水养期。

2. 干花和人造花作品养护

（1）干花养护

1）防潮。干花最怕潮湿，一经潮湿，花枝会变软，甚至发霉、褪色，还会走样变形，从而失去干花的原色之美。所以，对干花的养护重点是防潮，应放置于空气干燥、通风良好的环境中。

2）防尘。保持环境清洁，减少风沙和灰尘飘落，每隔 1~2 个月要对干花作品进行除尘，以延长作品观赏寿命。

3）忌阳光直射。要避免干花作品长期放置于阳光直射之下，防止花材褪色。

（2）人造花养护

1）避免阳光直射。阳光直射会导致人造花褪色，尤其是塑料花，不仅褪色，质地也会发生变化，变得易脆、易折，进而影响其观赏寿命。

2）防尘。人造花虽然不像干花那样怕潮，但也不能像鲜花那样喷水保鲜，主要靠仿真性取胜，灰尘会影响观赏性。所以，既要保持环境的清洁，减少风沙和灰尘飘落，又要及时对其进行除尘，以保持美感。

技能要求

技能 1 制作瓶插 −1

一、操作准备

1. 准备花材

选择百合花、康乃馨、黄莺等花材备用，如图 2—26 所示。

图 2—26 准备花材

2. 准备插花工具

水桶、花剪、削刀、喷壶等。

3. 准备花器

花瓶一个。

二、操作步骤

步骤 1 修剪花枝。用花剪剪去花枝下部的叶子及侧枝，如图 2—27 所示。

步骤 2　加工康乃馨。用手轻捏康乃馨的花苞，使花朵张开，如图 2—28 所示。

图 2—27　修剪花枝

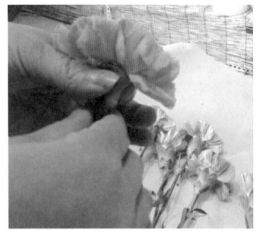

图 2—28　加工康乃馨

步骤 3　插入康乃馨。将修剪好的康乃馨花枝依次从瓶口处插摆到花瓶内，花枝长度与花瓶高度比约为 8∶5，如图 2—29 所示。

图 2—29　插入康乃馨

步骤 4　插入百合花。将百合花插入花瓶，放在康乃馨花束中心位置，花枝略高于康乃馨，如图 2—30 所示。

步骤 5　插入填充花黄莺。将黄莺插入花瓶，置于康乃馨与百合花中间位置，花枝可略高于康乃馨，如图 2—31 所示。

步骤 6　整理花型，使之美观，如图 2—32 所示。

图2—30 插入百合花　　　　　图2—31 插入填充花黄莺

步骤7 保鲜处理。插花作品制作完成后，根据花材加水喷湿，以延长花期，如图2—33所示。

图2—32 整理花型　　　　　　图2—33 保鲜处理

三、注意事项

插摆时，一边转动花器，一边注意花材的配置比例，保持圆弧度，确保每一面都插得圆整、丰满。

技能 2　制作瓶插 -2

一、操作准备

1. 准备花材

准备百合花、向日葵、风车菊、巴西叶、刚草等备用。

2. 准备插花工具

水桶、花剪、削刀、喷壶等。

3. 准备花器

花瓶一个。

二、操作步骤

步骤 1　插摆百合花。将百合花花枝并列摆齐，置左手中，抓紧，右手对百合花花苞的形状进行调整。使百合花偏向一侧，在另一侧留空，如图 2—34 所示。

步骤 2　插摆向日葵。将向日葵置于留空的那一侧，如图 2—35 所示。

图 2—34　插摆百合花　　　　　图 2—35　插摆向日葵

　步骤 3　插摆刚草。在向日葵侧面插摆一束刚草，完成基础造型，然后用麻绳绑定、打结，如图 2—36 所示。

　步骤 4　加工巴西叶。将巴西叶末端往后翻，用订书机直接钉住固定，如图 2—37 所示。

图2—36　插摆刚草

图2—37　加工巴西叶

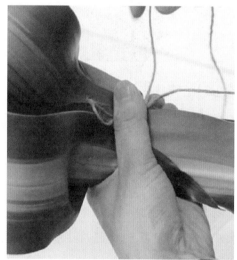

图2—38　插摆巴西叶

步骤 5　插摆巴西叶。将加工好的巴西叶环绕花束，用麻绳绑紧，进行整体造型，如图 2—38 所示。

步骤 6　修饰花束。参照花器高度，剪掉过长的枝干，然后用巴西叶环绕花束，用来遮挡捆扎的麻绳，最后用别针将缠绕的巴西叶固定。具体操作步骤如图 2—39 所示。

图 2—39　修饰花束

步骤 7　整体造型。将花束插入花瓶中，完成整体造型，瓶中加水保鲜，如图 2—40 所示。

图 2—40　整体造型

技能 3　制作扇形插花 -1

一、操作准备

1. 准备花材

百合花、非洲菊、散尾葵、鱼尾葵等，如图 2—41 所示。

2. 准备插花工具

水桶、花剪、削刀、花泥、竹签、玻璃纸、喷壶等。

3. 准备花器

装饰性浅盘一个。

4. 初加工花泥

将花泥放冷水中浸泡 3 分钟左右备用，如图 2—42 所示。

图 2—41　准备花材

图 2—42　浸泡花泥

二、操作步骤

步骤 1　加工花泥。根据花器大小将浸泡过的花泥切割成小于花器盘口的形状，如图 2—43 所示。

步骤 2　修剪散尾葵。将散尾葵修剪成长叶片状，用作插摆造型花轮廓，如图 2—44 所示。

步骤 3　造型。将修剪成形后的散尾葵叶片依次插入花泥。第一枝散尾葵插在花泥边沿中线位置，第二、第三枝散尾葵插在其左右两侧，略低于第一枝，如图 2—45 所示。

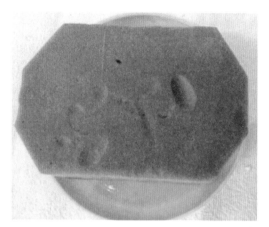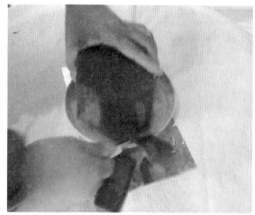

图 2—43　加工花泥

图 2—44　修剪散尾葵

图 2—45　造型

步骤4 插摆造型花。在靠近第一枝散尾葵前方位置插入第一朵非洲菊，高度约为散尾葵的2/3，如图2—46所示。

步骤5 插摆百合花。在花泥中心位置插入一枝百合花，作为花型焦点，如图2—47所示。

步骤6 插摆非洲菊。依次将非洲菊插入花泥，构建花型整体轮廓，如图2—48所示。

图2—46 插摆造型花

图2—47 插摆百合花

图2—48 插摆非洲菊

步骤7 插摆填充叶。插入鱼尾葵作为填充叶，剪去高出部分，使花型饱满，如图2—49所示。

图2—49 插摆填充叶

图2—50 装饰花型

步骤 8　装饰花型。用装饰彩纸包裹花泥，系上丝带，完成作品，如图 2—50 所示。

<h2 style="text-align:center">技能 4　制作扇形插花 -2</h2>

一、操作准备

1. 准备花材

山苏叶、金鱼草、香水百合、玫瑰、天堂鸟、蕾丝、八脚金盘、寿松、栀子叶。

2. 准备插花工具

水桶、花剪、削刀、花泥等。

3. 准备花器

花瓶一个。

4. 初加工花泥

将花泥放冷水中浸泡 3 分钟左右备用，如图 2—51 所示。

二、操作步骤

步骤 1　插入构图山苏叶。将花泥固定在花瓶瓶口处。依次插入山苏叶，打好轮廓。三枝山苏叶长度相同，第一枝直立插入花泥后方中心位置，第二、第三枝插在花泥左右侧，与第一枝分别成直角，如图 2—52 所示。

步骤 2　插摆扇形轮廓。在直立山苏叶的左右两边分别再插入两枝山苏叶，使其呈扇形轮廓，然后用寿松和八脚金盘遮盖花泥，如图 2—53 所示。

图 2—51　浸泡花泥

步骤 3　插摆金鱼草。在山苏叶与山苏叶中间插入金鱼草，长度与山苏叶相当，如图 2—54 所示。

步骤 4　插入中心花。在中心位置插入香水百合，使花型饱满，如图 2—55 所示。

步骤 5　插摆玫瑰。贴近每枝山苏叶插摆第一层玫瑰，其长度稍短于山苏叶，如图 2—56 所示。

步骤 6　插摆填充花。插摆第二层玫瑰，使其呈圆形插摆；然后围绕香水百合插入天堂鸟，如图 2—57 所示。

图2—52　插入构图山苏叶

图2—53　插摆扇形轮廓

图2—54　插摆金鱼草

图2—55　插入中心花

图2—56　插摆第一层玫瑰

图2—57　插摆填充花

步骤 7　插摆填充叶。在花朵空隙处插入栀子叶，填充空间，使花型饱满，如图 2—58 所示。

图 2—58　插摆填充叶

学习单元 3　摆放家具和饰品

学习目标

1. 了解家具摆放常识。
2. 能依据居室特点摆放家具和饰品。

知识要求

一、摆放家具

家具是房间布置的主体部分，对居室的美化装饰影响极大。如果家具摆设不合理，不仅不美观，而且不实用，甚至会给生活带来种种不便。

1. 按居室功能区摆放

一套居室一般分为三区：一是安静区，安静区离窗户较远，光线比较弱，噪声也比较低，以安放床铺、衣柜等较为适宜。二是明亮区，明亮区靠近窗户，光线明亮，适合看书、写字，以放写字台、书架为好。三是行动区，行动区为进门的过道，除留一定的行走活动地盘外，可在这一区放置沙发、桌椅等。家具按区摆放，房间就能得到合理利用，并给人以舒适、清爽感。

2. 高低、大小相衬

高大家具与低矮家具应互相搭配布置，高度一致的组合会严谨有余而变化不足；家具起伏过大，又易造成凌乱的感觉。所以，不要把床、沙发等低矮家具紧挨大衣柜，以免产生大起大落的不平衡感；最好把五斗柜、食品柜、床头柜等家具作为高大家具和低矮家具的过渡家具，给人视觉由低向高逐步伸展的感觉，以获取生动而有韵律的视觉效果。总之，家具的布置应该大小相衬，高低相接，错落有致。若一侧家具既少又小，可以借助盆景、小摆设和墙面装饰来达到平衡效果。

3. 家具造型、主要特征和工艺处理要基本一致

居室家具的风格造型要尽可能一致或风格相近，不能有的是虎爪腿，有的是方柱腿，有的是圆形腿；否则会显得十分不协调。同时，家具的细部处理要求一致，如抽屉和橱门的拉手等，最好都呈一致的造型。家具的颜色允许跳跃，但要大致一致；否则会使居室显得凌乱无章。

二、摆放饰品和饰物

1. 常见饰品和饰物

室内装饰品通常也是人们生活中有实用需求的物品，同时兼带有一定的装饰效果。常见的居家饰品和饰物有瓷器、陶器、钟表、玻璃制品、藤草编制品、布艺品、铁艺工艺品及花卉植物等。

（1）瓷器

瓷器具有色彩艳丽、造型多样、历久弥新的特点。其中大尺寸瓷器可以用来装点大型玄关，提升客厅的品位与档次感，彰显主人的身份和审美情趣；小型瓷器可以摆放在多宝格、桌面和墙面隔板等位置，用于点缀家居环境，美化生活空间。

（2）陶器

陶器是一种物美价廉、质朴纯真的家居饰品，比较适合具有古典格调的装修风格；但有时也用于现代、时尚的装修风格，利用强烈的局部风格反差来为居室提供不俗的新鲜感。

（3）钟表

随着时代的发展，座钟与挂钟已经不再是提供时间和日期对照的简单工具，已经演变为集实用性和装饰性为一身的家居饰品。各种造型美观的钟表能够大大提升家居的品位和质感，成为居家装饰不可或缺的部分。

（4）玻璃制品

玻璃制品种类齐全、造型多样，它们不但具有实用性，而且具有装点空间、美化环境的作用。家居饰品中最常见的玻璃产品有艺术挂钟、台灯、落地灯、彩绘玻璃等。

（5）藤草编制品

藤草编家居饰品具有造型美、质量轻、清新自然、优雅朴素的特点。居家摆放和使用藤草编家居饰品，可以营造居家宁静、素雅的氛围。

（6）布艺品

布艺品是家居装饰品中最常见的饰品之一，具有柔化空间、格调随心的特点。窗帘、沙发罩和靠垫、床上用品、壁布和桌布、布艺玩偶等都属于布艺品的范畴。

（7）铁艺工艺品

铁艺工艺品以流畅的线条、完美的质感为主要特征；广泛应用于楼梯扶手、阳台护栏、暖气外罩以及特制家具等部位的造型装饰。因为铁艺制品的风格和造型可以随意定制，所以几乎适用于任何装修风格的家庭。

（8）花卉植物

花卉植物能净化空气，美化空间，是居家运用最多的一种装饰方式。居家装饰宜选择常绿、对阳光需求偏小、能符合房屋装修风格的花卉植物。

2. 摆放饰品和饰物常识

（1）饰品和饰物摆放宜精不宜多

家居饰品和饰物种类繁多，款式造型多种多样。摆放饰品和饰物时应有所选择，以少而精为原则，恰到好处摆放饰品和饰物，才能烘托居室的整体氛围，起到点缀居室环境、画龙点睛之效。

（2）饰品和饰物摆放要与家居整体风格一致

摆放家居饰品时，一定要先弄清楚家居风格，然后再根据居家装修格调选择合适的工艺品和装饰品。饰品、饰物大小要与居室空间相匹配，使其摆放更具科学性，达到完美美化家居的效果。若家居是田园风格，最好摆放一些清新、自然的饰品。

（3）饰品和饰物摆放要与居室的使用功能相协调

摆放饰品和饰物时，应根据居室的使用功能选择适当的饰品和饰物。一幅字画、一张照片、一个花瓶、一个盆景、一件工艺品，甚至是一件日常生活用品，如果放置的位置恰如其分，都是理想的饰物。饰品、饰物与景在特定环境中的组合要能产生绝妙意境。例如，在卧室的墙壁上悬挂一幅以亲情为主题的油画，画面平和、恬静，会使两人的世界充满温馨；或在书房依墙处设置一架古朴的花架，花架上放置一盆盛开的君子兰，粉红的花蕊、碧绿的叶片会使室内充满生机盎然、祥和静谧的气氛。

（4）根据喜好摆放饰品和饰物

人的审美具有差异性，居家摆放饰品和饰物要根据居住者的喜好而定。

（5）饰品和饰物摆放要兼顾其实用性

饰品和饰物并非都具有实用价值，摆放时要充分考虑其实用价值，使其在美化家居空间的同时能够有所用，华而不实的装饰有失布置的意义。

第2节　美化庭院

学习单元1　花卉肥水管理

学习目标

1. 了解花木生长的特点。
2. 掌握花木养护基本方法。
3. 能够给花木浇水、施肥。

知识要求

一、花木生长特点

花木即"花卉苗木"的简称，是指花、茎、叶、果或根在形态和色彩上具有观赏价值的植物；包括可观花、观叶的草本植物和木本的地被植物、花灌木、开花乔木及盆景等。不同花木的生物特性各不相同，归纳起来有以下几个生长特点：

1. 生命周期不同

不同的花木生命周期不尽相同，有一年生、二年生和多年生之分。一年生花卉如凤仙花、鸡冠花、百日草、半支莲等，其生长、开花、结实、衰老、死亡整个生命周期是在一年中一个生长季节内完成的；一般春天播种，夏秋生长、开花、结实，然后枯死，因此一年生花卉又称春播花卉。二年生花卉如雏菊、金盏菊、五彩石竹、紫罗兰、羽衣甘蓝等；它们在相邻两年的生长季节内完成生长、开花、结实、衰老、死亡整个生命周期；一般秋天播种，然后萌芽生长，越冬后于次年春夏开花、结实和死亡，又称为秋播花卉。多年生的花木如牡丹、月季、杜鹃、山茶、唐菖蒲、大丽花、郁金香、美人蕉等，其个体寿命超过两年以上，能多次开花、结实。

一年生花卉仅有生长期的变化，二年生花卉需要幼苗冬休眠或半休眠，多年生花卉秋冬季节地下部分进入休眠，而有些多年生花卉在环境适应下不需要休眠。

2. 开花习性不同

（1）开花季节不同

绝大部分花卉春季开花，但部分花卉夏季开花，如南天竹、广玉兰、含笑、紫薇、石榴、杜英、无患子、柿树、女贞、栀子、凤仙花、六月雪、金银花、扶芳藤、玫瑰、月季、八仙花、海仙花、海桐、枸杞、凌霄、珊瑚树、凤尾兰、木槿、合欢、荷花等；有的花木秋季开花，如厚皮香、桂花、木芙蓉、菊花等；有的花木冬季开花，如梅花、枇杷、湿地松、日本早樱、茶梅、山茶等。

（2）年开花次数不同

大多数花卉一年只开一次花，少数一年开两次花或多次开花，如桃、杏、连翘、玉兰、紫藤等一年可两次开花；而茉莉花、月季、柽柳、四季桂、佛手、柠檬、紫玉兰等一年内可多次开花；还有的几十年才开一次花，如铁树等。一年生草本花卉一般一年只开一次花，一年多次开花与花木的品种、环境气候有关，而通过温度、光照、湿度等人为措施控制也可以促成一年多次开花。

（3）开花顺序不同

大多数花卉都是先长叶后开花，但梅花、蜡梅、迎春、玉兰、紫荆、木棉、连翘等花木却是先开花后长叶，而贴梗海棠、榆叶梅、苹果等则是开花和展叶同时进行。

3. 温度要求不同

有些花木耐寒，有些花木喜温。耐寒性花木如月季花、金盏花、石竹花、芍药、石榴等能耐零下 3～5℃的低温，冬季可在室外越冬。喜温性花木如大丽花、美人蕉、秋海棠、茉莉花等一般要在15～30℃的温度条件下才能正常生长发育，冬季需在室内越冬。

4. 水分要求不同

有些花卉如菖蒲、睡莲、芡实、凤眼莲、狐尾藻等必须生活在水中才能正常生长发育；有些花木如仙人掌类、景天类等只需要很少水分就能正常生长发育；有些花木如月季花、栀子花、桂花、芍药、大丽花、石竹花等则要求生长在湿度较大的土壤里，它们无须像水生花卉那样浸泡在水中，只需使其根植土壤保持湿润状态即可。

二、花木养护方法

1. 浇水

花卉苗木都需要水分才能生长发育，只不过水生花卉要保障充足的水分供应，耐旱植物如仙人掌科类则保持一定的水分即可。

（1）水质要求

水质按照含盐类的状况分为硬水和软水，硬水含盐类较多，用它来浇花会使花卉叶面产生褐斑，影响观赏效果，所以浇花用水以软水为宜。在软水中又以雨水（或雪水）

最为理想，因为雨水不含矿物质，含有较多的空气，用来浇花十分适宜。用雪水浇花时应将雪水搁置到水温接近室温时再使用。若没有雨水或雪水，可用河水或池塘水。如用自来水，须先将其放在桶（缸）内储存1～2天，使水中氯气挥发掉再用。浇花不能使用含有肥皂或洗衣粉的洗衣水，也不能用含有油污的洗碗水。对于喜微碱性的仙人掌类花卉等，不宜使用微酸性的剩茶水等。除了雨水、雪水、沉淀后的自来水外，残茶水、凉开水、淘米水、过期牛奶等因其含有不同的营养物质，也是上佳的浇花用水。

（2）浇水方式

浇水方式有两种，一种是叶面喷水，另一种是根部浇灌。

叶面喷水可以增加空气湿度，降低气温，洗去植株上面的灰尘及冲掉害虫等，避免嫩叶焦枯和花朵早凋，保持植物清新。对于一些喜阴湿的花卉，如山茶、杜鹃、兰花、龟背竹等，经常向叶面上喷水，对其生长发育十分有利。

刚栽的树木浇足连根水后，短时间内可以喷叶水来维持树木的生理需要。夏季叶面喷水可降温防病。喷水量多少应根据花卉的需要而定，一般喷水后不久水分便可蒸发掉最适宜。幼苗和娇嫩的花卉需要多喷水；新上盆和尚未生根的插条也需多喷水；热带兰类花卉、天南星科及凤梨科花卉更需经常喷水。

但有些花卉如大岩桐、蒲包花、秋海棠等对水湿很敏感，其叶面有较厚的绒毛，水落上后不易蒸发而使叶片腐烂，故不宜将水喷到叶片上。对于盛开的花朵也不宜多喷水；否则容易造成花瓣霉烂或影响受精，降低结实率、结果率。

根部浇灌是指将浇花用水直接注入花木根部促其生长，其具体方式有通过水壶等浇花器皿手浇、用水管连接水源浇灌和渗灌三种方式。手浇方式适宜盆养花木；水管浇灌方式适宜庭院花木浇水；渗灌既可用于对盆花进行浇水，还可以施肥。具体操作方法：用含有肥料的水溶液从底部浸泡花盆10～20分钟。

注意：同时要浇水和喷水的，应先浇根水再喷叶水，以防漏浇根水。对速生花卉或过干土壤宜将盆土或花圃浇透，一般不对叶片喷水；否则植物可能会被晒死。

（3）浇水时间

"不干不浇，浇则浇透"。要判断出盆土或花圃土质已干有四种方法：一看，二弹，三摸，四捻。

看即用眼睛观察一下盆土表面颜色有无变化，如颜色变浅或呈灰白色时，表示盆土已干，需要浇水；若颜色变深或呈褐色时，表示盆土是湿润的，可暂不浇水。

弹即用手指关节部位轻轻敲击花盆上中部盆壁，如发出比较清脆的声音，表示盆土已干，需要立即浇水；若发出沉闷的浊音，表示盆土潮湿，可暂不浇水。

摸即用手指轻轻插入盆土约2厘米深处摸一下土壤，感觉干燥或粗糙而坚硬时，表示盆土已干，需立即浇水；若略感潮湿、细腻松软时，表示盆土湿润，可暂不浇水。

捻即用手指捻一下盆土，如土壤呈粉末状，表示盆土已干，应立即浇水；若封成片状或团粒状，表示盆土潮湿，可暂不浇水。

如需要准确知道土质干湿程度，可购买一支土壤湿度计，当刻度上出现"干燥"字样时，便可浇水。

浇水时间点的选择：水温与土温接近时为宜。一般情况下在晨、夕浇水比较适宜，忌午间浇水。早晚温差大时，应在中午土温与气温比较接近时浇水。

（4）浇水量

浇水要做到适量，该多浇的浇少了，花会干枯；需少浇的浇多了，花会腐烂，不利于花木生长。一般来说，湿生植物要浇透，旱生植物要浇少；喜阴少浇，喜阳多浇；枝叶肥厚（像仙人掌类）少浇，枝叶单薄多浇；叶小、坚硬，叶片表面有蜡质的，水分蒸发慢，应少浇水；开花结果的如蜡梅、石榴、火棘等应在其开花结果期适当多浇水，过干易引起落花掉果。

 相关链接

浇花六法

1. 残茶浇花

用残茶来浇花时，既能保持土质水分，又能给植物增添氮等养料。但应视花盆湿度情况定期浇水。须有分寸地浇，而不能随倒残茶随浇。

2. 变质奶浇花

牛奶变质后，加水用来浇花，有益于花的生长。但加水要多些，将其稀释后才好。未发酵的牛奶不宜浇花，因其发酵时产生大量热量，会"烧"根（烂根）。

3. 凉开水浇花

用凉开水浇花，能使花木叶茂花艳，并能促其早开花。若用来浇文竹，可使其枝叶横向发展，矮生密生。

4. 温水浇花

冬季天冷水凉，以用温水浇花为宜。最好将水放置室内，待其同室温相近时再浇。如果能使水温达到35℃时再去浇，则更好。

5. 淘米水浇花

经常用淘米水浇米兰等花卉，可使其枝叶茂盛，花色鲜艳。

6. 烟灰水浇花

用烟灰水浇花可以杀死花叶上的蚜虫。

2. 施肥

（1）施肥种类

花肥主要包括无机肥和有机肥。无机肥即化肥。常用的无机肥包括氮、磷、钾和微量元素肥料。有机肥包括厩肥、堆肥、牛粪、鸡粪、油菜饼类等。施用化肥时应注意施肥量或浓度，按说明书操作。施用土肥时应稀释后再使用。

（2）施肥时期

要在花卉需要肥料时施肥，如发现花卉叶色变淡，生长细弱，此时施肥最适合。处于开花期的花卉不需施肥，否则会引起落蕾、落花、落果现象。处于休眠期的花卉不需施肥，花卉在休眠期停滞或减缓生长，新陈代谢慢，光合作用差，若追施肥料，很快就会破坏休眠的继续进行；会引起植物继续生长，进而会消耗更多的养料，影响来年开花。新栽的植株不宜施肥，因为新栽的植株伤口多，若受到外界刺激则不能愈合，会引起烂根。

（3）施肥方法

施肥一般可分为土壤施肥和叶面施肥。土壤施肥又称根部施肥，盆养花木可将肥料稀释后进行盆土浇灌，庭院地植花木可进行撒施、穴施、环施等。叶面施肥是指在植物生长期内将速效性肥料溶于水，配成肥料溶液后喷施在植物叶片上，使其迅速吸收的施肥方式。

3. 防治病虫害

防治病虫害应遵循"以防为主"的原则，加强管理，做好通风、透光、浇水、施肥等养护工作，使花木苗壮生长，增强自身抵御病虫害的能力。一旦发现病虫危害，要及早采取措施，做到"治早、治小、治了"，以防蔓延。

 相关链接

灭花盆虫蚁六法

1. 花盆中出现小飞虫时，可用三四根棉签（棉花棍）饱蘸敌敌畏，以不致滴下来为度，然后将柄端插在植株周围的盆土中，飞虫即可消灭。

2. 把一汤匙洗衣粉溶解在4升水中，每隔两周喷洒花叶，可彻底消灭白蝇和细菌。

3. 将4杯面粉和半杯牛奶掺入20升水中搅拌，用纱布过滤后喷洒在花叶上，能杀死壁虱和它们的卵。

4. 把啤酒倒入放在花盆土壤下的浅盆中，蜗牛爬入就会被淹死。

5. 把一个大蒜头捣碎，用一汤匙胡椒粉一起掺入半升水中，1 小时后，把它喷洒在花叶上，可防鼠的侵袭。

6. 花盆中出现蚂蚁时，可将烟蒂、烟丝用热水浸泡一两天，待水变成深褐色时，将一部分水洒在花茎、花叶上，其他部分稀释后浇到花盆里，蚂蚁即可消灭。

三、花木四季护理

1. 春季花木护理

（1）翻盆换土

翻盆换土是春季盆花补肥的一种方法，一般小盆一年翻盆一次，大盆 3～4 年翻盆一次，植株高大的需换大盆。有些根系生长过密或有枯根、腐根的，需适当修剪。翻盆后一般第一次水要浇透，然后放在阴凉处，以后看到盆土干燥时再浇水，一般待长出新根后再进行正常浇水并移至阳光处。

（2）整枝修剪

整枝修剪要根据不同植物进行，杜鹃、迎春等不宜过分修剪；石榴、月季等可在早春把枯枝、伤枝或生长过密枝剪除，以促使花繁叶茂；茉莉在换盆时要摘除老叶，促使其萌发更多新枝；藤本攀缘性植物如爬山虎、紫藤、蔷薇、木香等可进行整枝，使叶面尽量被阳光照到，从而使其生长旺盛。

需要注意的问题：早春盆花不要过早移到室外，以免遇到冷空气侵袭而受冻害。浇水可随气温升高而增多，保持干湿调匀。

2. 夏季花木护理

（1）浇水

夏季花卉枝繁叶茂，消耗水分多；因此，夏季每天早、晚要给花卉浇足水。

（2）注意通风

当气温超过 30℃时，室内花卉就要注意通风，可把窗户打开，让清新的空气流入室内，防暑降温。

（3）保湿降温

对于庭院盆养花木，夏季时可在盆土上盖一些禾草，使阳光不直接照射盆土，从而降低盆土的温度，使盆土的水分不会过快蒸发；也可用喷雾器把花卉的叶子喷湿，同时把四周洒湿，降低温度，增加湿度。

3. 秋季花木护理

秋季花木养护的重点是加强水肥管理。立秋以后，天气逐渐转凉，对一些观叶类花卉，如文竹、吊兰、苏铁等，一般每隔半个月施一次稀薄液肥，以保持叶片青翠，提高御寒能力。对一年开花一次的菊花、茶花、杜鹃等，需及时追施以磷肥为主的液肥，以保证养分充足，使其开花多而大。对一年开花多次的月季、米兰、茉莉等，应供足肥水，使其不断开花。对于一些观果类花卉，如金橘、佛手、石榴等，应施1～2次以磷肥为主的稀薄液肥。随着气温逐渐降低，应减少浇水次数，做到盆土不干不浇水，以免水肥过量，造成枝叶徒长，影响花芽分化和受冻害。

4. 冬季花木护理

不同种类的花卉各有不同的生长习性，应采取不同的管理措施，才能保证其安全越冬。

（1）落叶木本花卉的越冬护理

落叶木本花卉多数原产温带地区，常见的有金银花、石榴、月季、迎春、碧桃等，它们一般冬季处于休眠状态，因此，室温控制在5℃左右即可。若有阳台或小庭院，可将耐寒能力强的盆栽月季、碧桃、石榴、金银花等集中放置在阳台背风处或庭院的角落，用塑料膜包扎覆盖好，即可安全越冬。

（2）常绿木本花卉的越冬护理

常绿木本花卉如金橘、夹竹桃、桂花等冬季处于半休眠状态，只要温度控制在0℃以上，即可安全度过严冬。有些花木，温度过低会导致其死亡，如米兰、扶桑、栀子花、茉莉等，所以，冬季来临应把它们放在有充足阳光照射的地方，室内温度保持在15℃左右。

（3）一至二年生草本花木的越冬

草本花木如蒲包花、彩叶草、四季报春等，室温保持在5～15℃便能正常生长；文竹、凤仙、海棠、天竺葵等多年生草本花卉，保持阳光充足，室温为10～20℃，就能生长良好。君子兰、文心兰等冬季处于休眠状态的草本花卉，维持5℃左右的室温，给予适量光照即可。

技能要求

技能1 盆花浇水

一、操作准备

1. 准备浇花用水

雨水、湖水、河水、沉淀后的自来水等。

2. 准备浇水工具

淋壶、喷壶、水瓢或水杯、浅水缸或水槽、塑料盆、水桶等，如图2—59所示。

a)   b)

图 2—59　浇花工具

a）喷壶　b）淋壶

二、操作步骤

1. 浇水法

步骤 1　水装壶。用水杯或水瓢将适宜的浇花用水装进淋壶内，不要太满。淋壶是给盆花浇水的专用工具，使用方便，浇水量容易掌握。喷头大多数是活动的，用时套上，不用时取下。

步骤 2　姿势。双手或单手提起淋壶壶把，壶嘴向下倾斜，使水能够顺着壶嘴流出，如图 2—60 所示。

使用水杯浇花时，手握杯把，杯口向下倾斜浇水。如图 2—61 所示。

图 2—60　用淋壶浇花　　　　　　　　图 2—61　用水杯浇花

步骤3 浇水。将淋壶喷头对准花卉根部轻轻转动浇水，使水浇得均匀。需要对叶面喷水时应先浇根部，再喷洒叶面。

花卉盛开时，不宜直接把水淋在花朵上，应浇向根部。

步骤4 观察盆体，当盆底有水渗出时说明盆花已经浇透，应停止浇水。

步骤5 浇花完毕，用抹布擦去桌面或地面的水渍，保持环境清洁。

2. 浸水法

步骤1 将浇花用水注入水槽或浅水缸内，或大一点的塑料盆内。

步骤2 把花盆放入水槽或浅水缸内，水深低于盆土，让水自盆底部的排水孔渗入盆土中。

步骤3 观察盆体，当盆土湿透时停止浸水。

步骤4 整理现场，打扫卫生。

注意：浸水法主要用于小苗分苗后的花盆灌水。浸水可以避免将幼苗冲跑，也可以减少土面板结现象。

3. 喷水法

步骤1 用水瓢将适宜的浇花用水装进喷壶内，不要太满。

步骤2 将喷头对准盆景叶面或树冠轻轻转动喷洒，使水喷得均匀。

步骤3 观察叶面，当叶片全部被打湿，叶面污垢被冲洗掉时停止喷水。

步骤4 整理现场，打扫卫生。

注意：向植物叶面喷水可以增加空气湿度，降低温度，冲洗掉花卉叶片上的尘土，有利于光合作用。但有些情况不宜向叶面喷水：

（1）冬季和植物休眠期要少喷或不喷。

（2）一些怕水湿的花卉（如仙客来的花芽、非洲菊等）不能向叶面喷水，否则易引起腐烂。

（3）兰花分株或移栽后直至新根生出前，都不能浇水或浸水，每天仅可向叶面和周围环境喷水，保持较高的空气湿度。

（4）大岩桐、蟆叶秋海棠、非洲紫罗兰、荷包花等叶面有浓密的茸毛，不宜向叶面喷水。

（5）墨兰、剑兰叶片常发生炭疽病，感染后叶片损害严重，发现病害时应停止向叶面喷水。

技能 2　盆栽花木追肥

一、操作准备

1. 准备施肥材料

根据施肥花木的种类准备相应的肥料（土肥、化肥）。

2. 准备施肥工具

花铲、水桶、水瓢、淋壶、喷壶、抹布等。

3. 准备盆花

观叶类、观花类、观果类盆栽花卉植物不限，但盆土一定要干燥，因为此时施肥效果最佳。

二、操作步骤

1. 土肥追肥

（1）干土肥追肥

步骤 1　撒肥。把花肥包装袋打开，将适量干土肥料撒在盆土表面。

步骤 2　松土。给盆土松土，使花肥和盆土掺和在一起。注意，松土不可过深，不要伤及花株根系。

步骤 3　浇水。给淋壶内装进适合浇花的水，然后均匀地浇在盆土内。

步骤 4　浇透。浇水要浇透，以盆底有水溢出为准。

步骤 5　清理垃圾。将地面的花肥污渍和水渍清理干净，保持环境整洁。

（2）湿土肥追肥

步骤 1　稀释花肥。将适量的土肥倒进塑料小盆内，再倒进浇花用水，比例为 1：20 左右，然后搅拌均匀。稀释后的土肥汁应无黏稠感。

步骤 2　浇肥。用大一点的勺子将土肥汁均匀地浇在盆土上，避开根茎，以免肥料伤及根茎。

步骤 3　清理垃圾。将地面的花肥污渍和水渍清理干净，保持环境整洁。

2. 化肥追肥

步骤 1　选肥。根据花卉种类选择适宜的施肥品种。

步骤 2　稀释。将化肥和水稀释，稀释比例为 1.5%～2%，叶面稀释比例约为 3%。

步骤 3　肥水装壶。用水杯或水瓢将肥水装进淋壶内，七八分满即可。

步骤 4　浇花。双手或单手提起淋壶壶把，壶嘴向下倾斜，使水能够顺着壶嘴流出。将淋壶喷头对准盆景根部轻轻转动浇水，使水浇得均匀。

步骤 5　清理垃圾。将地面的花肥污渍和水渍清理干净，保持环境整洁。

注意：追肥时，要把握好用肥的量，过少，营养不够；过多，会烧死植株。

学习单元 2　修剪草坪和绿篱

学习目标

1. 了解修剪草坪的工具类别。
2. 了解修剪草坪的技术标准。
3. 掌握草坪修剪方法及注意事项。

知识要求

修剪可保持草坪整齐一致、美观大方，充分发挥草坪的功能，同时能抑制杂草生长，促进草坪草分蘖，提高草坪密度。

一、修剪草坪

1. 草坪修剪工具

草坪修剪工具多种多样，家庭使用的草坪修剪工具主要有手推式草坪机、剪刀等。手推式草坪机如图 2—62 所示。

图 2—62　手推式草坪机

手推式（旋刀式）草坪机一般重量轻、功率大，具有结构紧凑、操作灵便、保养简单、工作效率高等优点，适用于各种庭院绿地等草坪的修剪。工作原理是发动机启动后，依靠安装在底盘的切割刀片飞速旋转，将草呈直立状割断，草屑沿蜗壳流入草屑箱内。缺点是不适宜低剪，它剪草后留茬高度须大于2.5厘米。

（1）手推式草坪机使用方法

1）调试草坪机。将草坪机调节手柄调到合适的切割高度，装上草屑箱，添加汽油。

2）启动发动机。不同机型使用方法不尽相同，具体操作时以说明书上告知的操作方法为准。

3）剪草作业

①前行。使用手推式草坪机剪草时，匀速前行。行进时应向前推，速度不宜过快，在下坡或坑凹处注意缓行，一定不要朝自己方向往后拉，以防伤脚。

②转弯。手推式草坪机转弯时，双手按下两个把手，使前轮离地后再转弯。

③及时清理草屑箱内的草屑等杂物。

⑤运行至草坪中花株、绿植、树木等附近时，应谨慎操作，谨防刀片或花株、绿植等损坏。

4）停机，结束作业。剪草完毕，将油门控制手柄推至慢速位置，运行2分钟左右，再推至停止位置，让发动机自动停止。

（2）草坪修剪机使用注意事项

1）修剪机械必须严格按照说明书上的要求使用。

2）操作时，必须以双手操作机器，禁止单手作业；行进时应向前推，由左向右割草，速度不宜过快，在下坡或坑凹处注意缓行，决不能朝自己的方向往后拉，以防伤脚。

3）运行时不可长时间大油门工作，每工作1～2小时后需要休息10分钟左右。操作中若机器出现异常振动，必须立即停止发动机，暂停使用。

4）为了延长集草袋的使用寿命，每次剪完草必须清除袋内的杂草，并经常检查集草袋，如发现集草袋缝线松了或者损坏，要及时修理或更换新的集草袋。

5）剪草季节过后，将草坪机储藏在干燥的环境中。储藏前应将其送到指定维修处检测和保养，或参考保养手册进行保养。

2. 草坪修剪方法

（1）准备工作

1）清除割草区域内的石块、树枝、铁丝等杂物，以免损坏打草头和刀片。

2）准备草坪修剪机。

3）计划好行进路线。

（2）修剪方法

草坪的修剪应按照一定的模式来操作，以保证不漏剪并能使草坪美观。修剪之前，先观察草坪的形状，规划草坪修剪的起点和路线；一般先修剪草坪的边缘，这样可以避免草坪机在往复修剪过程中接触硬质边缘。

修剪过程中可以绕过灌丛或林下等不容易操作的地方，最后用剪刀修剪，如图2—63所示。

对于墙边或栅栏边等草坪机难以修剪的边际处，可用专用剪刀修剪平整，如图2—64所示。

图2—63　草坪机绕行修剪

图2—64　用剪刀修边

草坪修剪下来的草组织称为修剪物或草屑。草屑大部分在剪草时自动收集到草坪机的草屑箱里，一部分遗留在草地上。草屑箱内的草屑可集中收纳处理，草地上散落的草屑有三种处理方法：①如果剪下的叶片较短，可直接将其留在草坪内分解，使其营养物质返回土壤中。②草叶太长时，一般情况下要将草屑收集后带出草坪；否则不仅影响美观，而且容易滋生病害。

图2—65　收集草屑

可用耙子归拢收集，如图2—65所示。③若天气干热，也可将草屑留放在草坪表面，以阻止土壤水分蒸发。

二、修剪绿篱

绿篱由灌木或小乔木以密植的形式栽成并修剪成各种造型，用以美化环境，提高观赏效果。常见的庭院绿篱形式有高矮绿篱墙、半球形树篱等，如图2—66所示。

图 2—66 庭院绿篱

1. 绿篱修剪工具

绿篱修剪工具多种多样，由于庭院绿篱的面积有限，一般使用绿篱剪对庭院绿篱进行修剪。绿篱剪如图 2—67 所示。

图 2—67 绿篱剪

2. 绿篱修剪方法

在一般情况下，绿篱新的枝叶长至 4～6 厘米时进行下一次修剪，若前后修剪间隔时间过长，绿篱会失形。每次要把新长的枝叶全部剪去，以保持设计规格形态。

家庭绿篱的修剪多采用绿篱剪手工操作，绿篱剪要求刀口锋利，修剪时刀口紧贴篱面，不漏剪，少重剪，旺长突出部分多剪，弱长凹陷部分少剪，直线平面处可拉线修剪，周围少剪，顶部多剪。

庭院绿篱分自然式绿篱和整形式绿篱两种。自然式绿篱以藤蔓植物为主，藤蔓依附木栅栏或铁栏杆攀爬，形成绿篱墙。对自然式绿篱往往不进行专门的整形修剪，一般只在其生长过程中及时剔除衰老、干枯和病虫枝条，使其保持自然的生长形态即可。自然式绿篱如图2—68所示。

图2—68　自然式绿篱

整形式绿篱需要定期进行整形修剪，以保持一定的形状外貌，庭院常见的整形式绿篱包括条带状和半球形。

条带状绿篱属于最常用的绿篱整形方式，一般为直线形，也可采取曲线形，如图2—69所示。一般按照规定高度及形状及时进行修剪整形。用绿篱剪修剪表面枝叶，顶部及两侧都必须剪平，且修剪时高度一致，整齐划一，棱角分明。

半球形绿篱是庭院常见的绿篱形式，修剪整形时要使树冠下部宽阔，越向顶部越狭，或呈馒头形。半球形绿篱的修剪如图2—70所示。

图2—69　条带状绿篱

图2—70　半球形绿篱的修剪

三、修剪绿篱注意事项

1. 随时观察绿篱的长势，及时把突出于树丛的枝条剪掉。

2. 修剪时不要使篱体上大下小，否则会给人以头重脚轻之感，下部的侧枝也会因长期得不到光照而稀疏。

3. 中午、强风天气、雾天不宜进行绿篱的修剪。

4. 雨天时不宜修剪绿篱，因为雨水会弄湿伤口，使之不易愈合，易感染病害。修剪后也不宜马上喷水，以免伤口进水。

5. 不可过多修剪，以免造成枝条稀疏，或者树冠内枯死枝、光腿枝大量出现，影响效果。

6．对于下部严重光秃的老绿篱，可采用平茬的办法来更新。方法是仅保留基部很矮的一段主干，将上部枝条全部剪掉，让其重新萌发新枝。以后每剪一次逐步放高，直至达到规定的高度，并使篱身慢慢扩大，枝叶逐渐浓密。

技能要求

技能1　修剪长条状绿篱

一、操作准备

1．准备绿篱剪。

2．准备垃圾清理工具。

二、操作步骤

步骤1　确定修剪高度。丈量好要修剪的绿篱高度，并用细绳横向系在绿篱上，作为修剪的高度标尺，如图2—71所示。

步骤2　修剪顶面。双手握剪刀，将绿篱剪平行放在绿篱顶面，按照标尺高度平行向前修剪。修剪过的绿篱面应保持平顺整齐，高低一致，如图2—72所示。

图2—71　确定修剪高度

图2—72　修剪顶面

步骤3　修剪侧面。修剪完顶面后再修剪侧面，修剪后的绿篱面应平整，边角明显，基本无漏剪。修剪后的绿篱如图2—73所示。

步骤4　清理垃圾。修剪完毕，将修剪下来的枝叶清理干净，倒入垃圾箱，如图2—74所示。

图2—73 修剪后的绿篱   图2—74 清理垃圾

技能2 使用手推式草坪机修剪草坪

一、操作准备

1. 准备一台手推式草坪机。
2. 接上电源，给草坪机充满电。
3. 清除割草区域内的杂物，以免损坏打草头和刀片。
4. 检查所有的螺钉是否紧固、刀片有无缺损。
5. 检查草屑箱是否完好。

二、操作步骤

步骤1 将草坪机推至草坪边缘。
步骤2 打开电源开关，启动发动机。
步骤3 双手扶把手，开中速油门，匀速前进，如图2—75所示。
步骤4 修剪草坪边缘，如图2—76所示。

图2—75 修剪姿势   图2—76 修剪边缘

步骤 5　割草的前进路线为来回式，来回运行时不要漏割。

步骤 6　遇到草坪上的景观树、花植时，应向外倾斜或绕行，以免将其损坏，如图 2—77 所示。

步骤 7　及时清理草屑箱内的草屑，如图 2—78 所示。

图 2—77　修剪绕行

图 2—78　清理草屑

学习单元 3　摆放盆栽花卉绿植

学习目标

1. 了解盆栽花卉绿植的种类。
2. 掌握盆栽花卉绿植家庭的摆放要求。
3. 了解摆放盆栽花卉绿植应注意的事项。
4. 能够摆放居室花卉绿植。

知识要求

一、盆栽花卉绿植的种类及其摆放

1. 观花类盆栽

观花类盆栽是以观赏花部器官为主的盆栽花卉。常见的有月季花、杜鹃花、茶花、菊花、大丽花、仙客来、瓜叶菊、一品红、凤梨、梅花等。这类花卉通常较喜光，适于园林花坛和专类园的布置以及室内的短期摆放。观花类盆栽如图 2—79 所示。

一品红

杜鹃

仙客来

菊花

梅花

凤梨

图2—79　观花类盆栽

2. 观叶类盆栽

观叶类盆栽是以观赏叶色、叶形奇特为主的植物种类，包括木本观叶植物和草本观叶植物。木本植物有南洋杉、龙血树、苏铁和棕竹等，草本植物有白鹤芋、虎尾兰、文竹和万年青等。这类花卉耐阴性比盆花强，比较适于室内较长时间摆放。观叶类盆栽如图2—80所示。

3. 观果类盆栽

观果类盆栽是以观赏果实为主的盆栽植物，其特点是挂果期长，色彩鲜艳，外形美观，品种多样，常见的有金橘、佛手果、无花果等。观果类盆栽如图2—81所示。

南洋杉

龙血树

白鹤芋

图 2—80 观叶类盆栽

佛手果

苹果

金橘

图 2—81 观果类盆栽

4. 盆景类盆栽

盆景类盆栽是以盆景艺术造型为观赏目的的盆景类别。这类盆栽多为吸光的树木类，喜光，不宜在室内长期摆放，如五针松、九里香、火棘等。

5. 大型盆栽

大型盆栽高 80～150 厘米，比较能够体现盆栽的气派、格调，是生活空间较大者比较理想的盆栽，如图 2—82 所示。

6. 中型盆栽

中型盆栽高 30～80 厘米，一个人可以用双手自由搬动，管理方便，可任意布置于玄关、客厅、茶几，是最具观赏价值、最能表现盆艺手法的盆栽，如图 2—83 所示。

| 绿巨人 | 发财树 | 金钱树 |

图 2—82 大型盆栽

| 茶花 | 发财树 |

图 2—83 中型盆栽

7. 小型盆栽

小型盆栽高 30 厘米以下，单手可以搬动。为方便管理、观赏，可布置于茶几、书桌上或小房间，如图 2—84 所示。

8. 迷你型盆栽

迷你型盆栽高 10 厘米左右，娇小玲珑，无法充分表达盆栽的意境，由于品种和造型有限，适合摆放在桌面及其他空间狭小的地方，如图 2—85 所示。

豆瓣绿　　　　　　　　碗莲　　　　　　　　金边吊兰

图 2—84　小型盆栽

图 2—85　迷你型盆栽

二、盆栽花卉绿植摆放要求

适合居家摆设的盆栽多种多样，可以是盆栽花卉或观叶类、观果类的盆栽植物，也可以是盆景或其他盆栽观赏树，摆放时应从以下几个方面考虑：

1. 居家摆放盆栽要少而精

居家摆放盆栽应少而精，每个室内空间只需 1～3 盆盆栽即可，不要贪多。如果居室并不宽敞却摆设过多盆栽，不仅起居不便，而且给人零乱繁杂之感。

2. 盆栽大小与居室空间相协调

若客厅、房间面积比较大，摆放的盆景也应适当大些，这样两者才协调。反之，在狭小的居住空间摆放特大型盆栽，既影响生活，也影响美观；或在宽敞的居住空间内摆放迷你型盆栽，根本就起不到装饰作用。

3. 盆栽品种搭配得当

观花类盆栽、观叶类盆栽、观果类盆栽和盆景类别不同，所表示的景致也不同。可以说是各具特色，居家摆放时，应把不同品种、不同类别的盆景参差摆放，以体现其多样化美感和趣味性。

4. 摆放方式多样化

居家盆栽摆放要注意位置与摆法，在墙角部位或沙发的外侧可以着地安放高达60~90厘米的较大盆栽，如龟背竹、棕竹、扶桑等；或者把小型盆栽放置在花架上。此外，写字台、茶几、五斗橱等家具也是摆设盆花的地方，但宜小不宜大，宜精不宜粗。室内空间宽敞时，可在一些角落或墙面悬挂一些呈悬垂姿态的盆花或盆景，雅致美观，如迎春花、天门冬、紫藤桩等。树木盆景以放在视平线上为好，可以欣赏树景全貌和透视层次感。山水盆景一般宜放在略低于视平线处，可以欣赏到山水深远全景，以及山的脚坡、水面和布置的配件。另外，山水盆景有明显的正背面，所以宜靠近墙壁放置，树木盆景的正背面不太明显，陈设的位置可以自由一些。

5. 盆栽摆放要有变化

居家盆栽摆放需随厅室不同、摆设位置不同、季节不同而有相应变化。书房、卧室宜摆一些文静素雅的盆花、盆栽或盆景；客厅、餐室应摆设得艳丽大方一些，可以树桩或山水盆景或耐阴盆栽为主；春季以观花盆栽为宜，秋季以观果盆栽为宜；冬季观叶盆栽比较适宜；节假日或者宾来客至，则以喜庆的观花盆栽为主。

6. 盆栽摆放不要影响植物的生长

室内摆放盆栽，由于光照差，空气流通不畅，影响其光合作用，对植株生长不利；所以要轮流放置在向阳处，以利于植物的生长。一般在室内摆放一段时间后，可根据盆栽植物喜阳程度把它们搬到室外养护一段时间。

三、摆放盆栽花卉绿植应注意事项

1. 卧室不宜摆放盆栽植物

植物白天利用光能，将水光解产生氧气，从叶子表面的气孔释放出体外；所以在植物多的地方，人们会感到空气格外清新。卧室是人们睡眠的场所，晚上熄灯之后，失去了光照，植物就不进行光合作用了；但仍吸收氧气，呼出二氧化碳，这样，卧室里的人便会在睡眠中和植物在竞争卧室中的氧气；所以，卧室不宜摆放盆栽植物，尤其是中高型、叶片较大的盆栽植物。

2. 室内不宜摆放香味浓烈的盆栽植物

一些花草香味过于浓烈，如夜来香、郁金香、五色梅等，摆放在室内会让人难受，甚至产生不良反应，因而不太适合摆放在居室内。还有一些花卉会让人产生过敏反应，

如月季、玉丁香、五色梅、洋绣球、天竺葵、紫荆花等，也应谨慎摆放。

3. 不要摆放有毒性的盆栽植物

有些花草植物含有毒性，如含羞草、一品红、夹竹桃、黄杜鹃、状元红等；若摆放在室内，长期下去会对人体造成伤害，应禁止摆放。

技能要求

居室花卉绿植摆放

一、操作准备

准备摆放材料：盆栽花卉绿植若干。

二、操作步骤

1. 客厅花卉绿植摆放

客厅是接待宾客和家人聚会活动的场所。

客厅要布置得典雅大方，应摆放一些观赏价值高、花姿优美、色彩深重的花卉，可选择君子兰、水仙中型盆景等。

在沙发前放置的茶几上摆放一盆仙客来，以表达主人的好客之意。

客厅的一角放一张高腿玻璃花架，底座为流线型铸铁制作的架。架上放置玻璃花瓶，内插鲜花，待客畅叙或家人谈心，氛围温馨，高雅别致。

2. 卧室摆放花卉绿植

卧室是人们休息睡觉的地方，应突出恬静安逸、温馨舒适的特点。可选用一些色彩柔、姿态秀美的花卉。

在依墙处的梳妆台上放置一花瓶，鲜花争妍，可使室内生机盎然，增添美感，强化祥和静谧的气氛。

在组合柜角处可悬挂一盆吊兰则别具一格。

3. 书房摆放花卉绿植

书房是人们读书学习的地方，应营造出静雅的氛围，可选择文竹、吊竹梅、绿萝、富贵竹等或微型盆景。

在窗台或写字桌上可以放置一盆文竹等，在长时间工作、学习后，举目观赏，自有一种轻松感。

临窗处悬挂一盆吊兰或花叶常青藤，随着微风轻轻飘动，使人赏心悦目，心旷神怡。

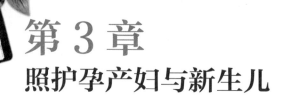

第 3 章
照护孕产妇与新生儿

第 1 节　照护孕妇

学习单元 1　制作孕妇滋补膳食

 学习目标

1. 熟悉孕妇膳食基本特点。
2. 掌握滋补膳食制作要求。
3. 能够制作 12 种孕妇膳食。

知识要求

一、孕妇膳食基本特点

1. 食物多样,以谷类为主。
2. 多吃蔬菜、水果和薯类食物。
3. 常吃奶类、豆类食物或其制品。
4. 经常吃适量的禽、蛋、瘦肉,少吃肥肉和荤油。
5. 食量与体力活动要平衡,保持适宜的体重。

6. 吃清淡、少盐的膳食。

7. 饮酒应限量。

8. 吃清洁卫生、不变质的食物。

二、孕妇滋补膳食制作要求

1. 多吃粗粮，少吃精制米面。

2. 多吃新鲜的蔬菜和瓜果。

3. 多吃豆类、花生、芝麻及其制品。

4. 多吃鱼、肉、蛋和奶。

5. 膳食营养必须合理、平衡。各种营养素在保证孕妇需要的同时，不要过多，也不能太少。营养不足或过剩对孕妇和胎儿均会产生不良影响。

技能要求

技能 1　制作香酥虾（见图 3—1）

图 3—1　香酥虾

一、操作准备

1. 主料

虾 300 克、干辣椒 4 个、蒜 4 瓣、姜 5 片。

2. 配料

料酒 10 毫升、食盐 2 克、生抽 20 毫升。

二、操作步骤

步骤 1　准备好配料，干辣椒掰开，蒜、姜切好，如图 3—2 所示。

步骤2 将虾洗净，剪须，去虾线，用料酒腌制，如图3—3所示。

图3—2　配料准备

图3—3　虾段处理

步骤3 锅中入油，爆香蒜瓣、姜片和干辣椒，如图3—4所示。

步骤4 放入虾和食盐，小火慢慢煎至外壳变脆，如图3—5所示。

图3—4　爆炒配料

图3—5　慢煎虾段

步骤5 加入1勺生抽，翻炒几下便可，如图3—6所示。

图3—6　成菜品相

三、注意事项

一定要去掉虾背上的黑线，翻炒时，颜色变了即可。

技能 2　制作秋葵炒牛肉（见图 3—7）

图 3—7　秋葵炒牛肉

一、操作准备

1. 主料

秋葵 150 克、牛肉 200 克。

2. 配料

胡萝卜 30 克、姜 5 克、大蒜半头、料酒 20 毫升、酱油 15 毫升、淀粉 8 克、五香粉 5 克、白糖 5 克、香油 5 毫升、鸡精 2 克、盐 2 克。

二、操作步骤

步骤 1　准备好所用的材料，如图 3—8 所示。

步骤 2　秋葵洗净切片，胡萝卜切丝，如图 3—9 所示。

图 3—8　秋葵炒牛肉原料

图 3—9　原料初加工

步骤3 姜切碎，大蒜一半切片，另一半切丁，如图3—10所示。

步骤4 除盐、鸡精和香油外的所有调料和姜碎、蒜碎等放入牛肉中拌匀，如图3—11所示。

图3—10 辅料准备

图3—11 原料调配

步骤5 腌制20分钟入味，如图3—12所示。

步骤6 往锅内加入适量油烧至五分热，倒入牛肉，如图3—13所示。

图3—12 腌制原料

图3—13 热锅炒制

步骤7 牛肉炒至变色，如图3—14所示。

步骤8 撒少许盐，把牛肉盛出，如图3—15所示。

步骤9 重新起锅，加入油，加入大蒜炒香，下入秋葵和胡萝卜丝，如图3—16所示。

步骤10 放入盐和鸡精炒匀，如图3—17所示。

步骤11 将牛肉倒入锅中炒匀，滴入香油即可出锅，如图3—18所示。

图 3—14 牛肉炒制状态

图 3—15 加盐调味

图 3—16 炒制辅料

图 3—17 辅料调味

图 3—18 成菜品相

三、注意事项

秋葵营养最丰富的部分是它的黏液,把秋葵切了后千万别用清水洗掉黏液。

技能3　制作松茸炖排骨（见图3—19）

图3—19　松茸炖排骨

一、操作准备

1. 主料

排骨500克、松茸100克、云耳50克。

2. 配料

蚝豉10个、红枣8颗、葱姜各15克、黄酱15克、胡萝卜1根、盐3克、糖10克、蚝油10毫升。

二、操作步骤

步骤1　排骨洗净，再用清水浸泡至肉色有些变白，再把松茸、云耳、蚝豉泡发，红枣洗净备用，如图3—20所示。

步骤2　将排骨剁成块，如图3—21所示。

图3—20　原辅料准备

图3—21　排骨初加工

步骤3　烧热锅，放油，爆香葱、姜，如图3—22所示。

步骤4　放入排骨煸炒至肉色，有些微焦，如图3—23所示。

图 3—22 爆香配料

图 3—23 煸炒排骨

步骤 5 沿锅边蘸洒白酒，如图 3—24 所示。

步骤 6 放入酱炒香，如图 3—25 所示。

图 3—24 白酒烹制

图 3—25 放入酱炒香

步骤 7 加入开水，淹没排骨，同时放入蚝豉一起烧制，如图 3—26 所示。

步骤 8 把红枣与松茸一起放入锅内，如图 3—27 所示。

图 3—26 放入蚝豉烧制

图 3—27 放入红枣与松茸

步骤 9 转换到压力锅中，炖制 20 分钟，如图 3—28 所示。

步骤 10 炖好后的排骨倒回炒锅，并放入云耳与胡萝卜花（胡萝卜切片，雕成花瓣状），如图 3—29 所示。

图 3—28　使用高压锅

图 3—29　再次换用炒锅

步骤 11　放入适量的盐、糖、蚝油等，如图 3—30 所示。

步骤 12　大火烧滚几分钟即可，如图 3—31 所示。

图 3—30 菜肴调味

图 3—31　成菜品相

三、注意事项

排骨有两种处理方法，一种是焯水然后跟其他食材一起炖，这样做出来的味道较清淡；另一种是炒香，再沿锅边洒料酒，以增香提味，这样做出来的菜肴味道较香。

技能 4　制作西红柿鲟鱼片（见图 3—32）

图 3—32　西红柿鲟鱼片

一、操作准备

1. 主料：鲟龙鱼肉 1 块、西红柿 2 个、九层塔叶 1 把。
2. 配料：姜 5 片、淀粉 1 克、胡椒粉 1 克、油 1 平勺、盐 2 克。

二、操作步骤

步骤 1 准备好原辅料，如图 3—33 所示。

步骤 2 将鲟龙鱼肉块切成片，加入姜片、淀粉、盐和半个蛋清，搅拌均匀后腌制几分钟，如图 3—34 所示。

图 3—33 原辅料准备

图 3—34 腌制鱼片

步骤 3 烧热锅，放少许油，加入切块的西红柿翻炒，如图 3—35 所示。

步骤 4 将西红柿翻炒出汤汁，如图 3—36 所示。

图 3—35 炒制西红柿

图 3—36 西红柿炒制出汤汁

步骤 5 放入腌制好的鲟龙鱼片，平铺在锅中，加上盖，如图 3—37 所示。

步骤 6　待鱼片转为白色后小心地翻炒均匀，如图 3—38 所示。

图 3—37　放入鱼片

图 3—38　翻炒鱼片

步骤 7　加入盐、胡椒粉等调味料，如图 3—39 所示。

步骤 8　加入九层塔叶，翻炒均匀即可，如图 3—40 所示。

图 3—39　加入调味料

图 3—40　成菜品相

三、注意事项

1. 在鲟龙鱼片上加点盐、淀粉、姜片和蛋清，腌制一下。

2. 西红柿块要稍微切大些，一定要将西红柿炒出汁来后再加入鱼片，而且鱼片要平铺在锅中。

3. 放好鱼片后，最好加盖，这样利于鱼片成熟，待鱼片呈白色后再翻炒，这样做出的鱼片不容易碎。

4. 西红柿汁均匀地裹在鱼片上后，再加入盐等调味料，出锅前放入九层塔叶，翻炒均匀。

5. 中途避免过多翻炒，这样有利于保持鱼片的完整。

技能 5　制作葡萄酒焖鸡翅（见图 3—41）

图 3—41　葡萄酒焖鸡翅

一、操作准备

1. 主料

鸡翅 8 个、葡萄酒 100 毫升。

2. 配料

姜 5 片、八角 1 只、花椒 10 粒、红椒粉 1 克、盐 2 克、油 1 平勺、料酒 5 毫升、鸡精 2 克、葱段 3 段、酱油 1 勺。

二、操作步骤

步骤 1　鸡翅洗净，加姜片、盐、料酒、鸡精、葱段腌渍 1 小时入味，如图 3—42 所示。

步骤 2　锅中加油烧热 150℃，放入鸡翅，炸至金黄色时捞出沥油，如图 3—43 所示。

图 3—42　腌制鸡翅

图 3—43　炸制鸡翅

步骤 3　锅中放少许油烧热，加水 100 毫升，倒入葡萄酒，调入酱油、红椒粉、八角、花椒烧开，如图 3—44 所示。

步骤4 放入鸡翅，小火焖烧，如图3—45所示。

图3—44 炒制调味料

图3—45 放入鸡翅焖烧

步骤5 焖至收汁，翻炒几下，鸡翅汁匀即可，如图3—46所示。

图3—46 成菜品相

三、注意事项

鸡翅一定要先腌后炸，否则味道不够浓郁。

技能6 制作油豆板栗煨海参（见图3—4）

图3—47 油豆板栗煨海参

一、操作准备

1. 主料

海参 4 只、板栗 100 克、油豆 80 克。

2. 配料

姜 5 片、蒜 4 瓣、油 1 勺、料酒 15 毫升、酱油 15 毫升、糖 3 克、蚝油 10 毫升、高汤 50 毫升、水淀粉 2 克、盐 2 克、鸡粉少许。

二、操作步骤

步骤 1　泡发海参，如图 3—48 所示。

步骤 2　板栗去壳，放入热水中烫一下，去掉外衣，如图 3—49 所示。

图 3—48　泡发海参　　　　　　　　图 3—49　初加工板栗

步骤 3　将海参切成小块，姜、蒜剁碎，如图 3—50 所示。

步骤 4　将油豆去筋，切成自己喜欢的形状，如图 3—51 所示。

图 3—50　加工海参及辅料　　　　　图 3—51　加工油豆

步骤5　锅内倒入适量的油，放入蒜炒香，放入油豆，炒软炒熟，如图3—52所示。

步骤6　放入板栗同炒，调味后盛出，如图3—53所示。

图3—52　炒制油豆　　　　　　　　　　图3—53　炒制板栗

步骤7　重起一锅，放入油、姜、蒜炒香，倒入海参快速翻炒，调入料酒、酱油、糖、蚝油，如图3—54所示。

步骤8　把油豆和板栗倒入，倒入少许高汤同煨至收汁，用水淀粉勾浓亮芡，加入盐和少许鸡粉调味，如图3—55所示。

图3—54　炒制海参　　　　　　　　　　图3—55　成菜品相

三、注意事项

油豆做菜前，把老丝及头尾去掉，最重要的是一定要煮熟、煮透，以免中毒。

技能 7　制作杏鲍菇炒肉（见图 3—56）
（增加蛋白质及维生素）

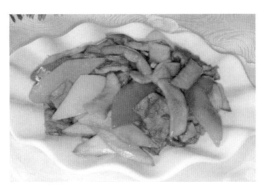

图 3—56　杏鲍菇炒肉

一、操作准备

1. 主料

杏鲍菇 300 克、彩椒各 1/3 个、肉 120 克。

2. 配料

葱花 5 克、姜末 3 克、盐 2 克、生抽 5 毫升、老抽 5 毫升、绍酒 15 毫升、蚝油 5 毫升、水淀粉 2 克。

二、操作步骤

步骤 1　准备杏鲍菇等炒肉食材，如图 3—57 所示。

步骤 2　杏鲍菇洗净，切成片，如图 3—58 所示。

步骤 3　彩椒切成片，如图 3—59 所示。

图 3—57　配料准备

图 3—58　初加工杏鲍菇

步骤4 杏鲍菇焯水后过凉水，攥干，如图3—60所示。

图3—59 初加工彩椒

图3—60 初加工杏鲍菇

步骤5 肉切成薄片，加入一点点盐、绍酒和生抽，生粉上浆备用，如图3—61所示。

步骤6 炒锅烧热后，放入花椒炸香后，放入葱、姜煸炒。放入肉片滑炒至肉片完全变色，如图3—62所示。

图3—61 腌制肉片

图3—62 炒制肉片

步骤7 放入少许姜末煸炒，放入生抽、老抽和绍酒翻炒均匀，如图3—63所示。

步骤8 放入杏鲍菇，翻炒均匀，如图3—64所示。

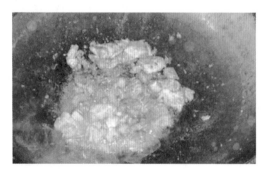

图3—63 加调料煸炒肉片

图3—64 加入杏鲍菇炒制

步骤 9　放入盐和少许蚝油，放入彩椒，淋一点点水淀粉，翻炒均匀即可，如图 3—65 所示。

图 3—65　成菜品相

三、注意事项

1. 杏鲍菇焯水速度要快，炒的速度也要快，否则变老。
2. 蚝油已经很鲜美，就不必放味精。如果没有蚝油，放点味精即可。
3. 生抽已经很鲜美，但是为了调色，肉菜放少许老抽，一定要少，否则颜色太黑。
4. 彩椒可以生吃，下锅炒速度要快，否则影响口感。

技能 8　制作脆皮乳鸽（见图 3—66）
（补充蛋白质）

图 3—66　脆皮乳鸽

一、操作准备

1. 主料

乳鸽 2 只。

2. 配料

香芹 100 克、洋葱 1 个、蒜 50 克、盐 3 克、胡椒粉 2 克、脆皮水 200 毫升。

二、操作步骤

步骤 1 把香芹、洋葱、蒜切成小粒，加入盐和胡椒粉拌匀，在乳鸽表皮和腹腔内反复揉搓均匀，腌制 4 小时左右，如图 3—67 所示。

步骤 2 锅中加水烧开，把腌制好的乳鸽放入水中烫一下捞出，收紧乳鸽的表皮，入水时间不要太长，3～4 秒钟即可，如图 3—68 所示。

图 3—67　初加工乳鸽

图 3—68　将腌制好的乳鸽放入水中

步骤 3 把脆皮水的原料混合均匀，把烫过的乳鸽放入在脆皮水中滚上几滚，让其全身都挂上脆皮水，如图 3—69 所示。

步骤 4 把乳鸽放在风口，吹干表皮水分，如图 3—70 所示。

图 3—69　用脆皮水腌制乳鸽

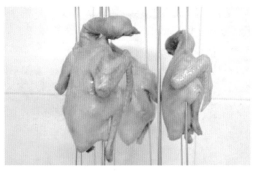

图 3—70　风干乳鸽表皮水分

步骤 5 放入预热 180℃的烤箱中烘烤，如图 3—71 所示。

步骤 6 打开烤箱的旋转开关，边烤乳鸽边旋转，这样烤出的颜色比较均匀。烤箱底部垫一张锡纸，这样可以接住滴下来的油，避免清洗烤箱的烦恼，如图 3—72 所示。

步骤 7 烤 30 分钟左右，表皮呈金黄色即可，如图 3—73 所示。

图 3—71　烘烤乳鸽

图 3—72　旋转烤制乳鸽

图 3—73　成菜品相

 相关链接

　　脆皮水调制方法：白醋半瓶，大红浙醋 40 克，麦芽糖 60 克，水 100 克，糖 25 克，柠檬 5 片。

技能 9　制作鲜贝虾仁炒芦笋（见图 3—74）
（补充维生素及蛋白质）

图 3—74　鲜贝虾仁炒芦笋

一、操作准备

1. 主料

虾仁约 50 克、扇贝肉约 50 克、芦笋约 200 克。

2. 配料

蒜 2 瓣、红萝卜 18 片、盐 3 克、糖 10 克、胡椒粉 2 克、白兰地 5 毫升、玉米淀粉 5 克、白葡萄酒 20 毫升、水淀粉 20 克、芝麻油 5 毫升。

二、操作步骤

步骤 1 把虾仁切粒，与扇贝肉放在一起，加 1/4 茶匙盐、1/8 茶匙糖、1/4 茶匙胡椒粉、1 汤匙白兰地，抓腌均匀，再加 1/2 茶匙玉米淀粉，再抓匀，把蒜头剁成茸，如图 3—75 所示。

步骤 2 把芦笋斜刀切粒，红萝卜片用迷你型曲奇模割成小花，如果不要求太漂亮，也可以切成菱形，如图 3—76 所示。

图 3—75 初加工虾仁　　　　　　图 3—76 初加工芦笋和红萝卜片

步骤 3 锅置炉上，开大火，放菜油约 1 汤匙，把红萝卜片煸出颜色，盛起备用，锅底留油，如图 3—77 所示。

步骤 4 转中火，倒入虾仁和扇贝肉，爆至七八成熟，盛起备用，如图 3—78 所示。

步骤 5 不洗锅，直接加小半锅水，再加两茶匙盐，水开后把芦笋焯至八成熟，滤水备用，如图 3—79 所示。

步骤 6 另起锅，锅热加适量的菜油润润锅底，倒入蒜茸，大火爆香，倒入芦笋，点入适量的盐、1/4 茶匙糖、1/4 茶匙胡椒粉爆炒片刻，如图 3—80 所示。

步骤 7 倒入红萝卜片、扇贝肉和虾仁，烹入两汤匙白葡萄酒，快速翻炒，如图 3—81 所示。

步骤8　加入两汤匙（用1/2茶匙玉米淀粉和两汤匙清水兑成）水淀粉，翻炒，最后加1/2汤匙芝麻油作为包尾油，翻炒几下即可，如图3—82所示。

图3—77　炒制红萝卜

图3—78　炒制虾仁和扇贝

图3—79　加工芦笋

图3—80　爆炒蒜茸

图3—81　倒入辅料继续翻炒

图3—82　成菜品相

三、注意事项

1. 红萝卜是脂溶性植物，用油炒过人体才能充分吸收，最好预先炒过。

2. 盐和油焯蔬菜，蔬菜的颜色比较鲜亮，又能去除涩味，但不要焯太久。

3. 做海鲜类的菜，加点白葡萄酒会更加醇香美味。

技能 10　制作绿萼梅山药冰糖糯米粥（见图 3—83）

（促进食欲、润肺）

图 3—83　绿萼梅山药冰糖糯米粥

一、操作准备

1. 主料

糯米 50 克、大米 10 克、铁棍山药 70 克、绿萼梅花（鲜）10 克。

2. 配料

油 20 毫升、冰糖 10 克。

二、操作步骤

步骤 1　准备材料，糯米、大米淘净浸泡半天，如图 3—84 所示。

步骤 2　取出砂锅，加适量的清水，放入糯米、大米，加几滴油，大火煮开，小火煮 30 分钟，如图 3—85 所示。

步骤 3　铁棍山药去皮洗净，切成厚片，如图 3—86 所示。

步骤 4　绿萼梅花去杂质，用清水漂净，放入砂锅，用适量的水煮开，小火焖 10 分钟，如图 3—87 所示。

图 3—84　准备材料

图 3—85　加工糯米

图 3—86　初加工铁棍山药

图 3—87　初加工绿萼梅

步骤 5　捞去花瓣留汁（见图 3—88）。

步骤 6　把铁棍山药放入糯米锅，小火煮 20 分钟（见图 3—89）。

图 3—88　捞去花瓣留汁

图 3—89　加入铁棍山药熬制

步骤 7　放入绿萼梅汁，如图 3—90 所示。

步骤 8　小火煮 5 分钟，边煮边搅拌，防止煳锅底，如图 3—91 所示。

图 3—90　放入绿萼梅汁

图 3—91　进一步熬制

步骤 9　放入冰糖，煮 3 分钟即可，如图 3—92 所示。

图 3—92　成菜品相

技能 11　制作枸杞西米银耳羹（见图 3—93）
（滋阴、润肺、补气）

图 3—93　枸杞西米银耳羹

一、操作准备

1. 主料

银耳 50 克、小西米 100 克。

2. 配料

枸杞 10 粒、冰糖 20 克。

二、操作步骤

步骤 1　准备好食材，如图 3—94 所示。

步骤 2　银耳泡发、洗净，如图 3—95 所示。

步骤 3　将小西米放入开水中，用常规的方法煮至透明，如图 3—96 所示。

图 3—94　配料准备

图 3—95　初加工银耳

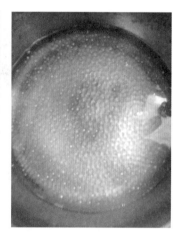
图 3—96　初加工小西米

图 3—97　初加工银耳

图 3—98　加入冰糖

图 3—99　加入枸杞调味

步骤4 银耳放入砂锅中，大火煮开，小火慢炖30分钟，如图3—97所示。

步骤5 放入冰糖，煮15分钟，至糖化，如图3—98所示。

步骤6 放入枸杞，调好味道，如图3—99所示。

步骤7 倒入煮好的小西米，煮开即可，如图3—100所示。

图3—100　成菜品相

技能12　制作草莓酸奶沙拉（见图3—101）
（助消化、补充维生素、调节内分泌）

图3—101　草莓酸奶沙拉

一、操作准备

1. 主料

草莓250克、葡萄干50克、苹果200克。

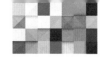

2. 配料

橙子1个、酸奶50毫升。

二、操作步骤

步骤1　准备材料，草莓、葡萄干、苹果、橙子、酸奶，如图3—102所示。

步骤2　草莓不要去蒂，用淡盐水浸泡5分钟。然后摘去叶子，反复冲洗干净，如图3—103所示。

图3—102　材料准备

图3—103　初加工草莓

步骤3　苹果切小块，用淡盐水浸泡，防止表面氧化变色。橙子剥皮待用，如图3—104所示。

图3—104　初加工苹果和橙子

图3—105　混合所有材料

步骤4　橙子切削块，与草莓、苹果、葡萄干混合，如图3—105所示。

步骤5　倒上酸奶拌匀即可，如图3—106所示。

图3—106　成菜品相

三、注意事项

浸泡、清洗草莓时，不要摘去草莓的叶头，否则可能导致农药进入草莓内心，如此反而受更多污染。也可换成自己喜欢的水果。

学习单元2　疏导孕妇的不良情绪

学习目标

1. 熟悉孕妇的心理特点。

2. 能够疏导孕妇的不良情绪。

知识要求

一、妊娠最初3个月的心理特点

女性在怀孕最初的3个月，更多的心理变化是担心和愉悦，这种心情很复杂，在怀孕早期，还会因为有早孕反应，孕妇的心理波动会很大。在很多时候，孕妇会凭借

着自己的想象来幻想胎儿在自己腹中的情况，相对来说，此时孕妇的心里比较甜蜜。

不过，当早孕反应一波一波袭来时，有的孕妇就会招架不住，恶心、呕吐、食欲不振，甚至整夜失眠，这都会使孕妇疲惫不堪，如果孕妇还在上班，这样的反应会让孕妇有想退缩的心情，但是，胎儿在腹中一天天发育，孕妇又会咬牙坚持。

二、妊娠中期 3 个月的心理特点

在怀孕中期，孕妇会轻松很多，相对来说，此时的孕妇心情会好很多，因为怀孕初期很多不适症状会消失，而且食欲和睡眠都恢复正常，腹部也逐渐隆起，此时孕妇看到隆起的腹部，胎儿的存在感会更加强烈。

怀孕 5 个月，胎动会逐渐出现，怀孕 28 周，胎动会达到最高峰。此时，孕妇也会更加兴奋，此时的孕妇会实实在在感受到小生命的存在，无疑会给孕妇极大的安慰。不过要提醒孕妇在怀孕中期，该注意的问题还是要注意。

三、妊娠最后 3 个月的心理特点

在妊娠最后 3 个月，孕妇的兴奋劲过了以后，孕妇又会重新感到压抑和焦虑，此时主要是身体内出现更多不适，如便秘、水肿、失眠、脚抽筋等，这都会使她们开始有点招架不住。

此外，这时胎儿的预产期也会越来越近，孕妇会为分娩和胎儿是否健康而担心。这时孕妇更多的是把她的精力都投注到胎儿身上，对于分娩的未知，更多的是恐惧和担心，会出现焦急不安的情绪，这对即将分娩的孕妇来说是不利的。过分担心和恐惧会影响正常分娩，很容易造成难产，要尽量避免。

技能要求

疏导孕妇的不良情绪

一、操作步骤

步骤 1　对忧虑型孕妇、焦虑型孕妇、抑郁型孕妇进行疏导，如图 3—107 所示。

家政服务员应了解一些简单的心理学知识。孕妇遇到问题时，特别是知、情、意转变时，家政服务员运用心理学知识，就会合理调节。人的情绪会像大海一样潮起潮落，大多数抑郁都是正常的情绪反应，轻度抑郁会随着时间推延而缓解，但中度抑郁、重度抑郁如不及时调整和疏导，会埋下隐患。这时应到专业机构请心理辅导人员帮助调整和治疗。

步骤2 疏导不良情绪，并合理宣泄。不良情绪需要疏导，否则积压成疾，会产生心理疾病。孕妇适当发脾气也可以缓解压力，让孕妇哭出来，哭也是很好的宣泄。

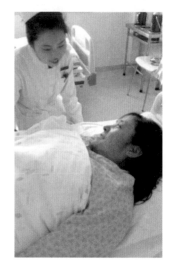

图3—107 与孕妇交流

步骤3 让孕妇接纳自我情绪。有些孕妇认为抑郁、焦虑、担忧、恐惧是不健康的表现，出现后总想马上驱除，结果却是剪不断理还乱。事物都有一定的规律，情绪也有自身的消长规律，让自身感受一下痛苦的过程，才能有反省后深刻的宁静。

步骤4 以情制情，特意转移。孕妇遇到问题时，家政服务员应用积极的态度消除孕妇的消极情绪，有意用其他事情去调整不良情绪，遇到问题冷静思考，缓解焦虑。

步骤5 用脱敏的方法循序渐进地进行调整。此时，让孕妇听一些轻松的音乐，使孕妇投入到喜悦的环境，如森林、大海、山谷等，进行有节奏的深呼吸，逐步放松全身，同时也会增强孕妇的自身免疫力。

步骤6 让孕妇把自己的想法说出来，和家人或朋友一起分担痛苦。常言说，痛苦和别人分担就减轻很多。快乐和别人分享就变成倍数。

步骤7 请家人配合。在调节情绪上，孕妇家人的配合非常重要。孕妇抑郁与社会支持不足有密切关系。孕妇抱怨、发脾气只是一种宣泄，家人耐心倾听会使孕妇增强自控能力。孕妇遇到心理问题时，不要回避，应主动把自身想法说出来，和家人或朋友一起缓解。

二、注意事项

1. 针对不同类型的孕妇进行不同形式的疏导。

2. 措施要切实可行。

3. 孕妇对疏导者有信任感。

 相关链接

　　我是一个有5年工作经历的月嫂，在2004年年初我进入了一个自然分娩的产妇家庭。这是产妇从医院回来的第3天，情绪低落，沉默寡言，时不时与丈夫及家人拌嘴，我发现产妇这种情绪后，鼓励产妇多与家人沟通，我就全方位地把婴儿照顾好，让产妇和家人有空闲的时间进行沟通，让产妇做一些她喜欢的事，鼓励产妇锻炼身体，多给产妇讲我以前服务对象的一些经验，消除产妇的一些思想

顾虑及不良情绪，经过我和家人的努力，产妇慢慢接受自己是母亲的角色，开始主动接触孩子，也开始跟家人交流，逐渐认可了我的工作。在我一个月的月嫂工作完成时，产妇已经恢复正常，一家人开开心心，同时对我充满了感激之情。

学习单元 3　为孕妇推荐胎教音乐和胎教故事

学习目标

1. 了解胎教的种类。
2. 熟悉音乐胎教的种类。
3. 掌握胎教的方法。
4. 能够为孕妇推荐胎教音乐和胎教故事。

知识要求

孕妇衣、食、住、行的每一个方面都可以对胎儿产生影响，均是胎教的内容；人们在长期实践中探索出许多增加母亲、父亲与胎儿交流的方法，即"直接胎教"。目前已证实，直接胎教方法中音乐胎教、语言胎教和抚摸胎教具有易行、安全、有效的特点，适合一般家庭进行胎教时使用。

一、胎教的种类

胎教可以分为音乐胎教、情绪胎教、语言胎教、抚摸胎教、环境胎教、运动胎教。

二、音乐胎教的种类

1. 母唱胎听法

孕妇低声哼唱自己所喜爱的有益于自己及胎儿身心健康的歌曲。哼唱时要凝神于腹内的胎儿，其目的是唱给胎儿听，使自己在抒发情感与内心寄托的同时，让胎儿能享受到美妙的音乐。这是一种不可忽视的、良好的音乐胎教方式，适宜于每一位孕妇采用，如图 3—108 所示。

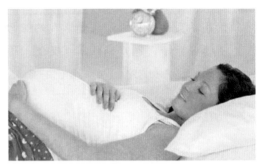

图3—108　母唱胎听法　　　　　　　　　　图3—109　母教胎唱法

2. 母教胎唱法

孕妇选好一支曲子后，自己唱一句，随即凝思胎儿在自己的腹内学唱。尽管胎儿不具备歌唱的能力，只是通过充分发挥孕妇的想象力，利用"感通"途径，对胎儿进行早期教育。本方法由于更充分利用了母胎之间的"感通"途径，其教育效果比较好，如图3—109所示。

3. 器物灌输法

利用器物灌输法进行音乐胎教，可以准备一架微型扩音器，将扬声器放置于孕妇腹部，当乐声响时不断轻轻地移动扬声器，将优美的乐曲通过母腹的隔层，源源不断地灌输给胎儿。在使用过程中，扬声器在腹部移动时要轻柔缓慢，播放时间不宜过长，以免胎儿过于疲乏。一般每次以5～10分钟为宜，如图3—110所示。

4. 音乐熏陶法

音乐熏陶法主要适宜爱好音乐并善于欣赏音乐的孕妇采用。有音乐修养的人一听到音乐就进入音乐的世界，情绪和情感都变得愉快、宁静和轻松。孕妇每天欣赏几支音乐名曲，听几段轻音乐，在欣赏与倾听中浮想翩翩，寄希望于胎儿，时而沉浸于一江春水的妙境，时而徜徉进芭蕉绿雨的幽谷，好似生活在美妙无比的仙境，遐思悠悠，能收到良好的胎教效果，如图3—111所示。

图3—110　器物灌输法　　　　　　　　　　图3—111　音乐熏陶法

5．朗诵抒情法

在音乐伴奏与歌曲伴唱的同时，朗读诗或词，以抒发感情，器乐、歌曲与朗读三者前后呼应，优美流畅，娓娓动听，达到和谐统一，具有很好的抒发感情作用，能给孕妇与胎儿带来美的享受，如图 3—112 所示。

图 3—112　朗诵抒情法

三、胎教的要点

1．音乐就是情感，情感就是生命的和谐，通过对母体音乐体验和素养的提高，从情绪上达到母体与胎儿的和谐与平衡。

2．尽量采用自然的、本土的、与生俱来的方式，让母亲与胎儿进行沟通。

3．让母亲用自己的理解方式把对音乐和生活的理解讲给胎儿。

4．胎教音乐切忌大声，勿选择节奏感强的音乐，听音乐时间不宜太长。

技能要求

为孕妇推荐胎教音乐和胎教故事

一、操作准备

1．物品准备

准备胎教用音乐光盘。

2．环境准备

环境安静，空气清新，时间适宜。

二、操作步骤

1．音乐胎教的方法

由孕妇聆听其喜爱的、动听的、悦耳的乐曲，或唱歌给胎儿听。音乐对胎儿大脑发育是良好的刺激，能促进孕妇体内分泌酶与乙酰胆碱等物质，调节血液流量，使神经细胞兴奋，改善胎盘供血状况，促使胎儿大脑向优化发育，开发右脑，启迪智能。欣赏音乐的音量以不超过 90 分贝为宜，每天早、中、晚各欣赏 30 分钟左右即可。

2．语言胎教的方法

使胎儿不断接受语言波的信息，训练胎儿在空白的大脑上增加"音符"。在妊娠中期，胎儿就具备了听觉与感觉能力，对父母的言行会做出一定的反应，会在脑子里形成记忆。此时，父母可朗诵一些优秀文学作品、诗歌给胎儿听，也可用胎教仪器与胎儿对话。

3. 抚摸胎教的方法

父母通过肢体抚摸，把信息输给体内胎儿，刺激胎儿的大脑，即开始了新的神经链与脑细胞的通路，刺激越频繁，胎儿产生记忆、胎儿智力开发越快，出生后孩子就会比一般孩子聪明。父母用手在腹部抚摸胎儿，用手指对胎儿身体轻轻按一下，胎儿会做出反应。每天做2～4次，每次5分钟，可边触摸，边说话，加深全家人的感情。

另外，还有文字胎教、书法胎教、绘画胎教，把简单的单词读给胎儿，并自动控制形状、颜色、动物的叫声，让胎儿反复训练，可在其大脑中留下印象。

三、注意事项

1. 4个月以后，准妈妈不要长期待在嘈杂的环境中，如酒吧、KTV、建筑工地等。听音乐时，千万不要把耳机或者音箱扣在肚皮上。因为胎儿的听觉正在发育，嘈杂、刺耳的声音会损害胎儿的听觉，导致先天性耳聋等严重后果。

2. 由于脑神经系统发育，胎儿也开始能直接感受到准妈妈的情感，所以这时准父母千万不要吵架，以免给胎儿造成不良的影响。

3. 虽然可以摸到胎儿的各个部位，可准父母别猛然把胎儿的手脚捏住，容易让胎儿受到惊吓，影响发育。

4. 如果胎儿没动静，可能就是处于睡眠状态，不要为了胎教，拍打肚皮，把胎儿吵醒。

 相关链接

我是家政服务员李春霞，服务怀孕6个月的孕妇，孕妇一直认为营养才是最重要的，所以一直积极摄取卵磷脂、DHA、维生素、蛋白质等。后来我告诉她，胎儿不仅有营养上需求，还要有"精神"上的需求。为此我给她提供了胎教的课程，之后她就和宝宝，还有宝宝的爸爸开始了我提供的胎教课程。听音乐、讲故事、做运动，每天按照课程安排，把多姿多彩的胎教课程安排到生活当中，直到宝宝降生的那一天。

分娩后，护士刚给宝宝洗过澡，就惊奇地发现，宝宝的眼睛竟然是睁开的，乌黑的眼珠，好像会说话一样。出生后才十几天，当我拿以前做胎教的卡片给她看时，她会睁大眼睛，很认真地看着卡片，嘴里发出"啊啊"的声音，好像很想

跟我说话一般。当给宝宝重复放妈妈孕期的胎教音乐时，我发现宝宝的表情会随着音乐的韵律而变化，当宝宝满月后，到医院保健科接种疫苗时，医生给宝宝查体后说，宝宝发育得很健康，反应很灵敏，比同月龄的宝宝聪明。听到医生这么说，作为家政服务员，我感到没有比这更让人开心的事了。

学习单元 4　妊娠期常见病护理方法

学习目标

1. 了解妊娠高血压疾病的基本表现与护理方法。
2. 了解妊娠合并糖尿病的基本表现与护理方法。
3. 了解先兆流产及先兆早产基本表现与护理方法。
4. 了解前置胎盘及胎盘早剥的基本表现与护理方法。
5. 了解胎膜早破的基本表现与护理方法。

知识要求

一、妊娠高血压疾病的基本表现与护理方法

1. 基本表现

妊娠高血压疾病是妊娠特有的疾病，常发生在妊娠 20 周以后，基本表现为血压升高、蛋白尿水肿。该病如果控制得不好，会引起孕妇抽搐，危急母亲、胎儿的生命。

2. 护理方法

（1）积极治疗妊娠高血压疾病，以防止病情发展而导致各种并发症的发生，饮食要清淡，要减少食盐的摄入。

（2）患妊娠高血压疾病的病人，应适当加强休息，防止病情恶化，增加产前检查的次数。

（3）子痫前期轻度的病人要完全休息，经常去就医，用降压、镇静和利尿药物。当门诊治疗无效时，应住院治疗。

（4）子痫前期重度的病人应住院治疗。

（5）要定期作产前检查，定期化验小便，常测血压，如有不正常，要及时治疗，以防止病情恶化。

（6）避免居住环境嘈杂。

（7）协助孕妇数胎动，如胎动异常，立即到医院就诊。

二、妊娠合并糖尿病的基本表现与护理方法

1. 基本表现

怀孕期间由于种种激素因素而产生抵抗胰岛素的作用，形成妊娠性糖尿病。糖尿病对母亲的影响，除了血糖不易控制、容易肥胖之外，也容易患感染性疾病，如尿路感染等。此外，发生妊娠高血压综合征的概率也会比一般人高出数十倍之多。

除了巨婴症易导致难产之外，长期高血糖也容易导致子宫胎盘血管病变，而引起胎儿生长迟滞甚至胎死腹中，不可不慎。所以，糖尿病孕妇应接受医师及营养师的建议，控制饮食或以降血糖药物控制，以确保母亲、胎儿平安。

2. 护理方法

（1）饮食护理

进行饮食控制，限制碳水化合物的摄入量，多食青菜和豆制品类食物，限制水果摄入量。

（2）运动护理

每餐后，陪同孕妇散步30～40分钟。

（3）药物治疗

如果饮食控制不好，协助产妇使用胰岛素注射来控制血糖。

（4）定期监测

协助孕妇定期监测血糖。

（5）健康宣教

用所学的糖尿病的相关知识，向孕妇讲解妊娠合并糖尿病的注意事项。

（6）协助孕妇数胎动

如胎动异常，立即到医院就诊。

三、先兆流产及先兆早产的基本表现与护理方法

1. 基本表现

流产是胚胎难以在子宫内继续妊娠而发生出血，胚胎排出体外，嵌于子宫颈口或死于宫内。常见的有先兆流产、不完全流产、完全流产、过期流产及习惯性流产。

先兆早产的基本表现：先兆早产是指有早产的表现，但经保胎处理后，可能继续

妊娠不能至足月者；经常发生在妊娠早期，有早产反应，少量阴道流血，出血少于月经量，并伴发轻微的间歇性腹痛或腰痛。

主要症状如下：

（1）有停经史及早孕反应，出现不规则少量阴道出血；常为鲜红色，腹痛，子宫大小与妊娠月份相符，未见胎块物从阴道排出，胎儿尚存活，有继续妊娠可能为先兆流产。

（2）如阴道出血量多，伴血块排出及阴道内有流水，小腹痛剧烈，面色苍白者，常为难免流产。

（3）阴道出血量多，腹痛剧烈，于阴道内排出胎盘样组织后，腹痛缓解，阴道出血量较前减少者，常为完全流产。

（4）如阴道出血量多，有胎物排出，但腹痛加剧，出血不止，面色苍白、出冷汗、头晕、目眩，常为不完全流产。

（5）有停经史，有反复阴道出血，量时多时少，子宫不见增大者，常为过期流产。

（6）连续流产 3 次以上，已成为习惯性流产。

2. 护理方法

（1）保胎卧床休息，禁止性生活，协助孕妇床上的生活护理（如饭前饭后的护理、便前便后的护理，保证孕妇床上的基本需要及卫生护理）。

（2）保持大便通畅，协助孕妇多食含纤维素高的食物，以保证大便通畅，必要时协助使用缓泻剂。

（3）保胎药物治疗，协助孕妇使用保胎药物，定时服用。

四、前置胎盘及胎盘早剥的基本表现与护理方法

1. 基本表现

晚期妊娠出血又称产前出血，是指妊娠 7 个月（28 周）以后发生的阴道出血。常见而严重的有前置胎盘、胎盘早剥。这两种病起病急，易发生大出血，短期内可危及母婴生命。

（1）前置胎盘

正常妊娠时，胎盘附着在子宫体的前壁、后壁和侧壁上；如果胎盘部分或全部附着于子宫下段，并盖在子宫颈内口上，称为前置胎盘。

主要症状如下：

1）阴道出血，妊娠后期出现无腹痛性阴道出血，是前置胎盘主要症状。往往在半夜或不知不觉中发现出血，初期血量会少些，但可反复出血，一次比一次多，颜色鲜红，有时有血块。

2）孕妇自感腹软，子宫无收缩。如出血不多，仍可感到有胎动；如出血量多，可引起胎儿宫内缺氧，容易造成胎死宫内，胎动也就消失。如家中有听诊器，可在下腹部耻骨联合上方听到与母体脉搏一致的吹风样杂音。

3）该病因出血量多，孕妇在短期内即可有严重贫血，并有头昏、心跳、四肢发冷、面色苍白等休克表现。

（2）胎盘早期剥离

胎盘附着于正常部位，在胎儿娩出前，部分或全部从子宫壁剥离者，称为胎盘早期剥离，是晚期妊娠严重并发症之一。有妊娠中毒症、原发性高血压、慢性肾炎、腹部外伤、胎位不正行外倒转手术者，容易生此病。

主要症状如下：

1）妊娠晚期或将要分娩前，突然发生剧烈腹痛，为持续不停地痛。

2）腹痛后有阴道流血，病人阴道出血量与休克症状不相符合，即阴道出血少，而休克严重。

3）自己触摸子宫会感到僵硬，并有明显压痛，宫底较前升高，胎心、胎动消失。

4）胎膜自行破裂者，可流出粉红色血性羊水。

2. 护理方法

（1）卧床休息，注意有无腹痛发生。

（2）注意阴道出血量变化、脉搏及血压变化，定期测量脉搏和血压情况。

（3）预防大便干燥，协助孕妇多食含纤维素高的食物，必要时协助使用缓泻剂。

（4）饮食选择，选择含铁量高或含纤维素高的食物。

（5）预防感染，保持孕妇身体清洁。

（6）监测胎动，如胎动有异常，请立即入院就诊。

（7）如有持续性腹痛发生，立即就诊。

五、胎膜早破的基本表现与护理方法

1. 基本表现

（1）阴道自然流出无色液体。

（2）如羊水伴有颜色（黄色、黄绿色），说明胎儿有缺氧表现。

2. 护理方法

（1）如孕妇在家中突然发生胎膜早破，即阴道流出大量液体，应协助孕妇立即平卧或左侧卧位，不可坐位及站立，避免脐带脱垂。

（2）应立即呼叫救急车，用担架将孕妇送往医院。

（3）如胎膜早破后，羊水发现异常情况，应在第一时间送往医院就诊。

第 2 节　照护产妇

学习单元 1　制作催乳食品

学习目标

1. 掌握产妇催乳食品基本特点与制作方法。
2. 能够制作 9 种以上催乳食品。

知识要求

一、产妇催乳食品基本特点

1. 适宜的维生素

脂溶性维生素 A、维生素 D、维生素 B_1、维生素 B_2 是我国日常膳食中难以达到的，应多吃猪瘦肉、粗粮及肝、奶、蛋、蘑菇、紫菜等。

2. 高蛋白质

蛋白质是保证人体正常生命活动最基本的因素。小米、豆类、豆制品、猪瘦肉、牛肉、鸡肉、兔肉、鸡蛋、鱼类等食物中含有丰富的蛋白质，非常适合产妇食用。

3. 钙等矿物质

牛奶、海带、虾皮、芝麻酱等都富含钙。如果从膳食中得不到足够补充，可用钙剂和骨粉补充。铁的补充也非常重要，为了防止产妇贫血，日常膳食中应多吃含血红素铁的食物，如猪血豆腐、肝脏等。

4. 高热量食物

产妇每日所需热量基本与男性重体力劳动者相当。如此高的热量需求，需要补充糖类食物，但是单靠糖类远远不能满足机体的需要，还要补充蛋白质和脂肪，以供给更多的热量。这需要产妇摄入羊肉、猪瘦肉、牛肉等动物性食品和高热量的坚果类食品。

二、产妇催乳食品制作方法

产妇产后面临两大任务，一是产妇本身身体的恢复，二是哺乳婴儿。这两个方面均需要营养。因此饮食营养对产妇非常重要。

技能要求

技能1　制作药膳乌鸡汤（见图3—113）
（补血、通乳）

图3—113　药膳乌鸡汤

一、操作准备

1. 主料

乌鸡500克。

2. 配料

红枣10粒、虫草花（适量）、黄芪（适量）、党参（适量）、当归（适量）、枸杞（适量）、淮山（适量）、盐3克、姜10克。

二、操作步骤

步骤1　材料每样3～5克，红枣10粒，如图3—114所示。

步骤2　乌鸡洗净，斩大件，如图3—115所示。

步骤3　乌鸡焯水备用，如图3—116所示。

步骤4　所有药材洗去浮土，姜切片备用，如图3—117所示。

步骤5　虫草花洗净，用温水浸泡回软，如图3—118所示。

步骤 6　用温水浸泡枸杞，如图 3—119 所示。

图 3—114　配料准备

图 3—115　初加工乌鸡

图 3—116　乌鸡焯水

图 3—117　准备辅料

图 3—118　初加工虫草花

图 3—119　初加工枸杞

步骤 7　焯过水的乌鸡移入砂锅中，如图 3—120 所示。

步骤 8　放入虫草花和姜片，如图 3—121 所示。

步骤 9　放入其他药材，大火煮开后，转最小火煲两小时，如图 3—122 所示。

步骤 10　放入枸杞，再煲 5 分钟即可关火，喝前加盐调味即可，如图 3—123 所示。

图 3—120　乌鸡放入砂锅

图 3—121　放入辅料

图 3—122　熬制乌鸡

图 3—123　成菜品相

三、注意事项

1. 煲汤时放些姜，可起到去湿、去腥、增鲜的作用。

2. 药材用量应咨询专业医师，并由医师定量。

技能 2　制作鲍鱼菌香番茄汤（见图 3—124）

（补虚、通乳）

图 3—124　鲍鱼菌香番茄汤

一、操作准备

1. 主料

鲍鱼 6 只、海鲜菇 100 克、番茄 1 个。

2. 配料

洋葱 1/3 个、香葱 1 棵、橄榄油 30 毫升、淀粉 5 克、料酒 15 毫升、白糖 5 克、盐 3 克、鸡精 2 克、番茄酱 20 克。

二、操作步骤

步骤 1　准备好所有材料，如图 3—125 所示。

步骤 2　鲍鱼洗净，切十字刀。蔬菜类洗净，切好备用，如图 3—126 所示。

 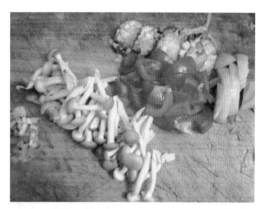

图 3—125　材料准备　　　　　　　　　图 3—126　初加工鲍鱼和蔬菜

步骤 3　把锅烧热倒入橄榄油，爆炒香葱，如图 3—127 所示。

步骤 4　倒入切好的蔬菜爆炒至软，倒入开水，如图 3—128 所示。

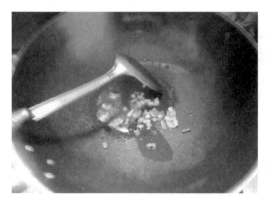 

图 3—127　炒制香葱　　　　　　　　　图 3—128　爆炒蔬菜倒入开水

步骤5 倒入料酒，待汤汁烧开，如图3—129所示。

步骤6 淀粉装碗，倒入白糖、盐、鸡精，加入半碗水调好，如图3—130所示。

图3—129 倒入料酒烧开　　　　　　　　图3—130 加入辅料

步骤7 汤汁烧开以后，加入鲍鱼煮3分钟，如图3—131所示。

步骤8 倒入番茄酱，如图3—132所示。

图3—131 熬制鲍鱼　　　　　　　　图3—132 倒入番茄酱

步骤9 勾芡，待汤汁烧开，立即装碗盛出，如图3—133所示。

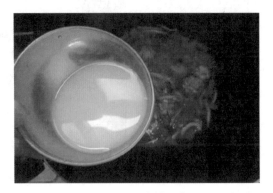

图3—133 成菜品相

三、注意事项

1. 用铁汤勺的末端插入鲍鱼，挖出沙肠。

2. 海鲜菇只要去掉菌头即可，不用刀切，用手扒开，即可减少营养流失。

3. 如果用高汤煮，味道更鲜美。

技能 3　制作鸡骨草茯苓猪横利祛湿汤（见图 3—134）
（清热、祛湿）

图 3—134　鸡骨草茯苓猪横利祛湿汤

一、操作准备

1. 主料

鸡骨草 30 克、绿豆 50 克、白茯苓 50 克、薏米 50 克、蜜枣 1 个、猪横利 1 条、瘦肉 500 克。

2. 配料

盐 2 克。

二、操作步骤

步骤 1　鸡骨草剪成小段，用清水洗去泥沙备用，如图 3—135 所示。

步骤 2　绿豆、白茯苓和薏米、蜜枣清水洗净，和鸡骨草一起放入汤煲，如图 3—136 所示。

步骤 3　猪横利和瘦肉切片飞水去血沫（放入滚水中焯一下），放入汤煲，如图 3—137 所示。

步骤4 加入2升清水，大火煮滚转小火煲2小时，如图3—138所示。

图3—135 初加工鸡骨草

图3—136 把辅料和鸡骨草一起放入汤煲

图3—137 煲制猪横利和瘦肉

图3—138 成菜品相

三、注意事项

1. 这味鸡骨草汤的原料一般市场上都有，也可以上网购买现成配好的汤料包。

2. 药材适宜用量应由专业医师定量。

技能4 制作虫草花黑头鱼汤（见图3—139）
（增加免疫力、通乳）

图3—139 虫草花黑头鱼汤

一、操作准备

1. 主料

黑头鱼 1 条

2. 配料

姜 3 片、蒜 5 瓣、虫草花（适量）、枸杞（适量）、料酒 10 毫升、盐 2 克、胡椒粉 2 克

二、操作步骤

步骤 1　准备好所有材料，如图 3—140 所示。

步骤 2　将黑头鱼内脏去除洗净，用厨房纸或干净毛巾将鱼身水分擦净，锅中烧油，油温七成热时，将鱼入锅煎制，鱼身两面都煎成金黄色，如图 3—141 所示。

图 3—140　材料准备

图 3—141　初加工黑头鱼

步骤 3　将姜片和蒜放入锅中煎，如图 3—142 所示。

图 3—142　煎制姜片和蒜

图 3—143　放入料酒去腥

步骤4 煎出香味时，立即冲入开水，用大火烧沸腾，烹入少许料酒去腥，如图3—143所示。

步骤5 待鱼汤呈奶白色时转小火，并将泡制好的虫草花放入锅中一起炖制，炖制40分钟后，将枸杞放入锅中再炖制5分钟，如图3—144所示。

步骤6 加入盐、胡椒粉调味即可，如图3—145所示。

图3—144 熬制鱼汤

图3—145 成菜品相

三、注意事项

1. 水要一次性加足，中途不要再加水，且必须选用开水。

2. 炖制过程中不需加盐，汤炖好时，依据个人口味加入适量的盐和胡椒粉。

3. 煎鱼时，要热锅凉油煎制。

4. 虫草、枸杞用量以医生指导量为依据。

技能5 制作桂圆花旗参乳鸽汤（见图3—146）
（补血、蛋白质含量高）

图3—146 桂圆花旗参乳鸽汤

一、操作准备

1. 主料

乳鸽 1 只、红枣 8 颗、猪骨两块、花旗参 10 克、桂圆 8 颗。

2. 配料

姜 1 片、盐 3 克。

二、操作步骤

步骤 1　准备材料，乳鸽洗净，如图 3—147 所示。

步骤 2　红枣去核，如图 3—148 所示。

图 3—147　初加工乳鸽

图 3—148　初加工红枣

步骤 3　用温水洗净乳鸽血沫，如图 3—149 所示。

步骤 4　鸽肉和猪骨飞水（冷水、热水下锅都可以），如图 3—150 所示。

图 3—149　清洗乳鸽血沫

图 3—150　加工鸽肉和猪骨

步骤5 所有材料放入砂煲，大火烧开，小火煲约1.5小时，如图3—151所示。

步骤6 提前10分钟调入盐即可食用，如图3—152所示。

图3—151 煲制乳鸽

图3—152 成菜品相

三、注意事项

1. 红枣一定要去核，以防上火。

2. 一定要用温水洗净乳鸽血沫，不要用冷水洗，因为蛋白质遇冷肉质变老。

技能6 制作黄芪虾仁汤（见图3—153）
（调补气血）

图3—153 黄芪虾仁汤

一、操作准备

1. 主料

鲜虾100克、黄芪30克、淮山30克、当归15克、枸杞15克。

2. 配料

桔梗 6 克、生姜 3 片。

二、操作步骤

步骤 1　鲜虾去壳、去虾线，制成虾仁，如图 3—154 所示。

步骤 2　准备好其他材料，如图 3—155 所示。

图 3—154　初加工鲜虾

图 3—155　材料准备

　步骤 3　药材洗干净后装入煲汤袋，如图 3—156 所示。

　步骤 4　锅中加水 4 碗，放入煲汤袋、枸杞和姜片，中火煲 0.5 小时左右，如图 3—157 所示。

图 3—156　药材洗净装入煲汤袋

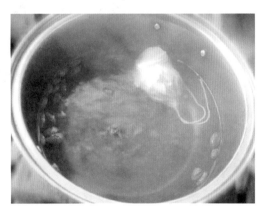

图 3—157　加水放入辅料熬制 0.5 小时

　步骤 5　将煲汤袋拿出，倒入鲜虾仁，中火滚上 5 分钟即可，喝时加盐调味，如图 3—158 所示。

图 3—158　成菜品相

三、注意事项

如果饮用后有发烧或上火便秘的现象，勿再饮用此汤。

技能 7　制作筒子骨芋艿汤（见图 3—159）
（补充骨胶原、促进伤口愈合）

图 3—159　筒子骨芋艿汤

一、操作准备

1. 主料

筒子骨 1 根、芋艿 200 克。

2. 配料

生姜 3 片、料酒 15 毫升、盐 3 克。

二、操作步骤

步骤 1　筒子骨备用，如图 3—160 所示。

步骤 2　芋艿备用，如图 3—161 所示。

图 3—160　初加工筒子骨　　　　　　　　　　图 3—161　芋艿备用

步骤 3　筒子骨焯水，如图 3—162 所示。

步骤 4　将筒子骨冲洗干净，如图 3—163 所示。

图 3—162　筒子骨焯水　　　　　　　　　　　图 3—163　将筒子骨冲洗干净

步骤 5　刮去芋艿的外皮，如图 3—164 所示。

步骤 6　将刮好的芋艿放入水中，如图 3—165 所示。

步骤 7　将芋艿冲洗干净，如图 3—166 所示。

步骤 8　锅中加入适量的水，下入筒子骨块和生姜片，如图 3—167 所示。

步骤 9　倒入适量的料酒，如图 3—168 所示。

步骤 10　大火烧开后撇去浮沫，如图 3—169 所示。

图3—164 初加工芋艿

图3—165 将芋艿放入水中

图3—166 将芋艿冲洗干净

图3—167 加水放入筒子骨块和生姜片

图3—168 倒入料酒

图3—169 烧开后撇去浮沫

步骤11 小火炖2小时以上后，下入芋艿块，如图3—170所示。

步骤12 再慢炖1小时以上，至芋艿软烂，调入适量的盐即可，如图3—171所示。

图 3—170　炖制芋艿块

图 3—171　成菜品相

三、注意事项

骨头去血水时，用冷水把骨头先泡 1 小时，中间换几次水，把血水泡出去，或者做的时候先以冷水下锅，大火烧开后捞起，即可去除骨头中的血水，并杀灭寄生虫。

技能 8　制作竹笙杂菇汤（见图 3—172）
（补气养阴、清热利湿）

图 3—172　竹笙杂菇汤

一、操作准备

1. 主料

竹笙 30 克、茶树菇 30 克、花菇 30 克、真姬菇 30 克、猪肉 100 克、鸡肉 150 克。

2. 配料

玉竹 20 克、红枣 5 个、姜片 3 片、盐 3 克。

二、操作步骤

步骤1 准备材料，菇类泡透，鸡肉、猪肉切件，如图3—173所示。

步骤2 取锅，加入适量的水，投入除竹笙外的所有材料，煮约1小时，如图3—174所示。

图3—173 配料准备

图3—174 熬制辅料

步骤3 加入竹笙，如图3—175所示。

步骤4 加盖熬至汤浓，如图3—176所示。

图3—175 加入竹笙

图3—176 熬制浓汤

步骤5 下盐调味，如图3—177所示。

步骤6 待汤再煲5分钟左右关火，即可喝汤吃肉，如图3—178所示。

图 3—177 下盐调味

图 3—178 成菜品相

三、注意事项

菇类一定要泡透，肉类一定要焯水。

技能 9 制作鹿茸高丽参炖鲍鱼干贝汤（见图 3—179）

（补气、润肠、利五脏）

图 3—179 鹿茸高丽参炖鲍鱼干贝汤

一、操作准备

1. 主料

鲍鱼 8 个、干贝 50 克、鹿茸 10 克、高丽参 2 棵。

2. 配料

虫草花 20 克、桂圆干 10 个、红枣 8 个、姜片 2 片、盐 3 克。

二、操作步骤

步骤 1 将材料洗干净，如图 3—180 所示。

步骤2 放入炖盅，加入适量的水，如图3—181所示。

图3—180 材料准备

图3—181 熬制辅料

步骤3 炖3～4小时，如图3—182所示。

步骤4 炖好后加上一点儿盐，如图3—183所示。

图3—182 炖3～4小时

图3—183 成菜品相

技能10 制作马齿苋汤（见图3—184）
（杀菌、消炎）

图3—184 马齿苋汤

一、操作准备

1. 主料

马齿苋 150 克、猪骨 1 根、鲫鱼 3 条、陈皮 10 克、绿豆 50 克。

2. 配料

水 1 000 毫升、盐 3 克。

二、操作步骤

步骤 1　准备材料，马齿苋用其根茎部，如图 3—185 所示。

步骤 2　马齿苋洗净泥沙，如图 3—186 所示。

图 3—185　材料准备

图 3—186　初加工马齿苋

步骤 3　猪骨煮去血水，待用，如图 3—187 所示。

步骤 4　把鲫鱼用油稍煎一下，如图 3—188 所示。

图 3—187　初加工猪骨

图 3—188　煎制鲫鱼

步骤 5　取一汤锅，加入适量的水，放入整理好的材料，如图 3—189 所示。

步骤6 用大火煲汤30分钟，如图3—190所示。

图3—189　加入材料

图3—190　煲制30分钟

步骤7 转小火，把汤煲至色浓，绿豆散烂，下盐调味即可，如图3—191所示。

图3—191　成菜品相

技能11　制作海参花胶肉骨汤（见图3—192）
（散瘀、消肿）

图3—192　海参花胶肉骨汤

一、操作准备

1. 主料

肉骨 1 根、海参 6 个、花胶 3 个、香菇 2 朵、蜜枣 3 个。

2. 配料

盐 3 克。

二、操作步骤

步骤 1 准备材料，如图 3—193 所示。

步骤 2 香菇泡好后切块，海参泡发，其他材料清洗干净即可，如图 3—194 所示。

图 3—193 材料准备

图 3—194 清洗所有材料

步骤 3 肉骨冷水下锅，先煲 30 分钟，如图 3—195 所示。

步骤 4 把水煲至有些发白，如图 3—196 所示。

图 3—195 初加工肉骨

图 3—196 水煲至发白

步骤 5 倒入海参与花胶，如图 3—197 所示。

步骤6 中火继续煲，如图3—198所示。

图3—197 加入海参与花胶

图3—198 中火煲制

步骤7 煲大约1.5小时，汤煲至浓稠，下盐，如图3—199所示。

步骤8 再煲5分钟左右，汤成，装碗，如图3—200所示。

图3—199 煲至浓稠下盐

图3—200 成菜品相

技能12 制作花胶补血养颜汤（见图3—201）

（通乳、补血、养颜）

图3—201 花胶补血养颜汤

一、操作准备

1. 主料

鹌鹑 2 只、花胶 3 个、北芪 5 个、红枣 5 个、虫草参 8 条、海底椰 5 片、淮山 2 片、莲子 5 粒。

2. 配料

姜 2 片、盐 3 克。

二、操作步骤

步骤 1 鹌鹑洗净待用，如图 3—202 所示。

步骤 2 准备好汤料，如图 3—203 所示。

图 3—202 初加工鹌鹑

图 3—203 辅料准备

步骤 3 把鹌鹑放进炖盅里，如图 3—204 所示。

步骤 4 配料用清水浸透后放入炖盅里，加入姜片和适量的清水，如图 3—205 所示。

图 3—204 放入容器

图 3—205 放入配料

步骤5　往蒸锅里放水，放支架（也可放布），如图3—206所示。

步骤6　把炖盅放在支架上，盖上炖盅盖和蒸锅盖，武火烧开后，文火慢炖1小时，如图3—207所示。

图3—206　容器放入锅内

图3—207　炖制鹌鹑

步骤7　加入适量盐即可食用，如图3—208所示。

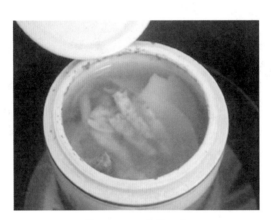
图3—208　成菜品相

三、注意事项

产妇坐月子时，正是分娩后的恢复期，体质比较虚弱，应忌食一些不利于健康的食品。

1. 忌食生冷寒凉食物

产妇身体气血亏虚，应多食用温补食物，以利于气血恢复。若产后进食生冷食物或寒凉食物，会不利于气血的充实，容易导致脾胃消化、吸收功能障碍，并且不利于排出恶露和去除淤血。

2．忌食辛辣刺激性食品

产妇食用辛辣食品，容易伤津、耗气、损血，加重气血虚弱，并容易导致便秘，进入乳汁后对婴儿也不利。而且产妇气血虚弱，若产妇进食辛辣发散类食物，如辣椒，可致发汗，既耗气，又伤津、损血，加重气血虚弱，甚至发生病症。

刺激性食品，如浓茶、咖啡等，会影响睡眠及肠胃功能，对婴儿也不利。

3．忌食酸涩收敛类食品

产妇淤血内阻，不宜进食酸涩收敛类食品，如乌梅、莲子、柿子、南瓜等，以免阻滞血行，不利于排出恶露。

4．忌食冷饮

冷饮有雪糕、冰激凌等，不利于消化系统恢复，还会给产妇的牙齿带来不良影响。

5．忌食过咸食品

过咸的食物，如腌制品，其含盐分多，盐中的钠可引起水潴留，严重时会造成水肿。但也不可忌盐，因产后尿多、汗多，所以排出的盐分也增多，需要补充一定量的盐来维持水电解质的平衡。

6．忌食过硬、不易消化的食物

产妇本身胃肠功能较弱，加上运动量又小，坚硬、油炸、油煎和味肥厚的食物，不利于产妇消化、吸收，往往还会导致消化不良。

7．忌食过饱

产妇胃肠功能较弱，过饱会妨碍其消化功能。产后应做到少食多餐，每天可进食5～6次。

学习单元2　按摩产妇乳房、疏通堵塞乳腺

学习目标

1．了解产妇乳房肿胀的原因。

2．熟悉产妇乳房按摩的目的。

3．掌握疏通堵塞乳腺的要点。

4．能够按摩产妇乳房，疏通堵塞乳腺。

```
知识要求
```

一、产妇乳腺肿胀的原因

乳房分泌的乳汁得不到及时排出或乳腺管淤塞不通，乳汁淤积成块，出现乳腺肿胀。

二、产妇乳房按摩的目的

避免及缓解乳房肿胀，使产妇顺利进行母乳喂养。

三、疏通堵塞乳腺的要点

1. 热敷

每次喂奶之前都热敷，用一个瓶子装上热水（温度为能忍受的最热温度），在乳房上来回滚压按摩。

2. 勤喂勤吸

如果产妇乳房肿块不消，就要勤让婴幼儿吸，至少2个小时一次。让婴幼儿尝试换不同的位置吸，这样婴幼儿的下巴会对乳房起到按摩的作用，多几个方向吸，就能疏通乳腺。

3. 按摩

婴幼儿吸奶的时候产妇用手向着乳房的方向梳理按摩，但别太用力。尽量把乳房里的肿块揉开，疏通。

4. 不要给乳房任何压力

抱婴幼儿的时候注意别让他压到产妇的乳房，晚上睡觉的时候，选择侧身睡。

```
技能要求
```

按摩产妇乳房、疏通堵塞乳腺

一、操作准备

1. 协助产妇取舒适安全体位。

2. 热敷乳房（准备一盆干净热水，温度是45~55℃，可依气温酌情增减），如图3—209所示。

3. 将温热毛巾覆盖在两个乳房上，保持水温，两条毛巾交替使用，如此热敷5~8分钟即可，注意皮肤反应，以免烫伤，如图3—210所示。

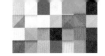

图 3—209 温热毛巾

图 3—210 热敷乳房

二、操作步骤

步骤 1 双手拇指与食指分开，环抱乳房基底部，上下横斜活动乳房，注意动作轻柔，如图 3—211 所示。

步骤 2 乳腺小叶腺泡按摩，一只手托住乳房；另一只手四指并拢，用指腹面在乳房上方周围进行 360°小旋转按摩，如乳房有硬块，增加力度按摩，如图 3—212 所示。

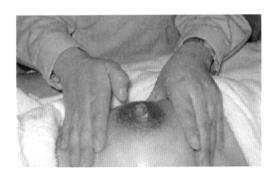

图 3—211 拇指上下按摩乳头及乳晕

图 3—212 360°按摩乳房

步骤 3 乳腺导管按摩，用食指、中指、无名指的指腹面顺乳腺管纵向从乳房根部向乳头方向按摩，如图 3—213 所示。

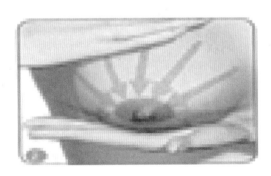

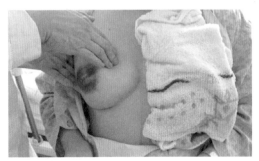

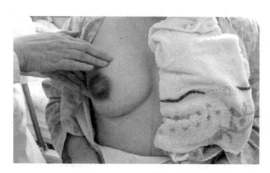

图 3—213　按摩乳腺管

步骤4　用拇指、食指分别在乳晕上垂直向胸壁按压，将乳汁挤出，观察乳汁分泌情况，如图 3—214 所示。

 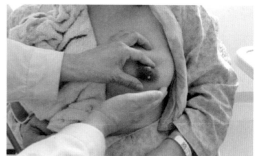

图 3—214　挤出乳汁

三、注意事项

1. 按摩乳房时，手指不能在乳房的皮肤上摩擦。
2. 注意热敷乳房的温度，以免烫伤皮肤。
3. 乳腺有硬块时，先按摩乳房硬块。

学习单元3　处置产妇乳房肿痛、乳头凹陷和皲裂

学习目标

1. 了解产妇乳房肿痛、乳头凹陷和皲裂的原因。
2. 能够处理产妇乳房肿痛、乳头凹陷和皲裂。

一、乳房肿痛

乳房分泌的乳汁得不到及时排出或乳腺管淤塞不通，乳汁淤积成块，由此出现胀痛及沉重感，母亲也因疼痛而不愿喂奶，限制了母乳喂养。

二、乳头凹陷

女性乳房的乳头如果不凸出于乳晕平面，甚至凹入，陷于皮面之下，致局部呈火山口状时，称乳头凹陷。

三、乳头皲裂

乳头皲裂是哺乳期乳头发生的浅表溃疡，常在哺乳的第 1 周发生，主要原因是因为婴儿吸吮方式不正确。

技能 1　处置产妇乳房肿痛

一、操作步骤（与按摩产妇乳房、疏通堵塞乳腺步骤相同）

步骤 1　协助产妇取舒适安全体位。

步骤 2　热敷乳房（备一盆干净热水，温度是 45～55℃，可依气温酌情增减）。

步骤 3　将温热毛巾覆盖在两个乳房上，保持水温，两条毛巾交替使用，如此热敷 5～8 分钟即可，注意皮肤反应，避免烫伤。

步骤 4　双手拇指与食指分开，环抱乳房基底部，上下横斜活动乳房，注意动作轻柔。

步骤 5　乳腺小叶腺泡按摩，一只手托住乳房；另一只手四指并拢，用指腹面在乳房上方周围进行 360° 小旋转按摩，如乳房有硬块，增加按摩力度。

步骤 6　乳腺导管按摩，用食指、中指、无名指的指腹面顺乳腺管纵向，从乳房根部向乳头方向按摩。

步骤 7　用拇指和食指分别在乳晕上垂直向胸壁按压，挤出乳汁，观察乳汁的分泌情况。

二、注意事项

1. 按摩乳房时，手指不能在乳房的皮肤上摩擦。
2. 注意热敷乳房的温度，避免皮肤烫伤。
3. 乳腺有硬块时，先按摩乳房硬块。

技能 2　处置产妇乳头凹陷

一、操作步骤

步骤 1　哺乳前热敷乳房 5 分钟左右，同时按摩乳房以刺激排乳反射，挤出一些乳汁使乳头变软，继而捻转乳头引起立乳反射。

步骤 2　指导采取正确的喂哺方法。当新生儿饥饿时，先让其吸吮凹陷明显的一侧乳头，因此时孩子的吸吮力强，易吸出乳头及大部分乳晕。哺乳结束可继续在两次哺乳间隙佩戴乳头罩，此外，要保证哺乳姿势正确。

步骤 3　进行乳头伸展练习。将双手的两个拇指平行放在乳头两侧，慢慢由乳头向两侧方向拉开，牵拉乳晕皮肤及皮下组织，使乳头向外突出，然后将两拇指分别放在乳头上下侧，将乳头向上、向下纵形拉开；如此步骤重复进行，每次练习持续 5 分钟左右，使乳头突出，再用食指和拇指捏住乳头轻轻向外牵拉数次，如图 3—215 所示。

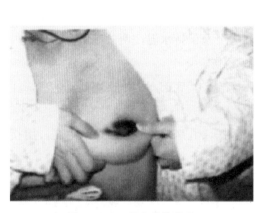
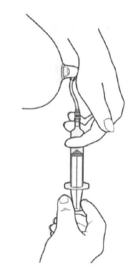

图 3—215　乳头伸展练习　　　　图 3—216　注射器抽吸乳头

步骤 4　注射器抽吸乳头法

（1）取 2 支 10 毫升的注射器，去掉其中 1 支的活塞，用一根内径约 4 毫米、长约

5 厘米的橡胶管连接两个注射器拧针头处，清洗消毒后备用。

（2）将无活塞注射器的一端罩在凹陷的乳头上，并使其与乳房紧密接触；然后抽吸另一端注射器活塞，抽吸空气量至 10 毫升左右，直至乳头突出，并保持此负压状态 5 分钟以上。

（3）保持负压状态 5 分钟后，先分离橡胶管，再取下罩在乳头上的注射器。切勿用回推活塞法取下注射器，以免乳头回缩，如图 3—216 所示。

二、注意事项

1. 在孩子未吸吮成功时，忌用橡胶乳头，以免引起乳头错觉。

2. 在做乳房按摩时要挤出一些乳汁，以使乳头变软，从而有利于引起立乳反射。

3. 使用注射器抽吸乳头时，抽吸空气量要达到 5～10 毫升，亦不应超过 10 毫升，并保持负压状态在 5 分钟以上。

4. 取下吸乳头的注射器时，要先分离橡胶管，再取下注射器；切勿用回推活塞法取下注射器，以免乳头回缩。

技能 3　乳头皲裂的护理

一、操作步骤

1. 利用乳汁治疗

因乳汁具有抗菌作用，且含有丰富的蛋白质，可起到修复表皮的作用。因此，产妇在哺乳后将少许乳汁涂在乳头及乳晕上，短时间内暴露乳头并让其自然干燥，同时要在乳罩下垫上干净毛巾，如图 3—217 所示。

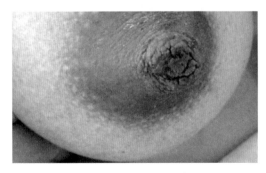

图 3—217　乳头皲裂

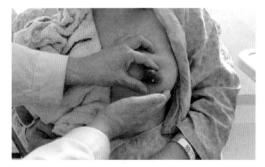

图 3—218　挤出乳汁

2. 暂停母乳喂养

乳头皲裂比较重，乳头疼痛剧烈可暂时停止母乳喂养 24～48 小时，此时可将产妇乳汁挤出，用小杯或小汤匙喂养孩子，如图 3—218 所示。

二、注意事项

1. 指导产妇保持正确的喂奶姿势。

2. 产妇体位要舒适，身体放松，侧卧位或坐位时，产妇要在背部及抱孩子的手臂下垫适当高度的软垫，以减小产妇的支撑力，减轻疲劳、紧张感。

3. 哺乳前用湿热敷法护理乳房和乳头 5 分钟左右，同时按摩乳房，以刺激排乳反射，挤出少量乳汁使乳晕变软，易被孩子吸吮时再喂哺；此时孩子易充分含吮到整个乳头和大部分乳晕。

4. 哺乳时先吸吮损伤轻的一侧乳房，以减小对另一侧乳房的吸吮力。

5. 在哺乳结束时，用食指轻压孩子下颌，待孩子放下乳头后再把孩子抱离乳房，切忌强行拉出乳头。

学习单元 4   照护产妇恶露

学习目标

1. 了解恶露的概念和种类。
2. 掌握产妇恶露的观察及护理要点。
3. 能够照护产妇恶露。

知识要求

一、恶露的概念

产妇分娩后随子宫蜕膜，特别是胎盘附着物处蜕膜的脱落，含有血液、坏死蜕膜等组织，经阴道排出的黏稠液体称为恶露。

二、恶露的种类

（1）血性恶露

血性恶露色鲜红，含大量血液，量多，有时有小血块，有少量胎膜及坏死蜕膜组织。血性恶露持续 3~5 天，随着子宫出血量逐渐减少，浆液增加，转变为浆液恶露。

（2）浆液恶露

浆液恶露含少量血液，但有较多的坏死蜕膜组织、宫颈黏液、宫腔渗出液，且有细菌。浆液恶露持续 10 天左右以后，浆液逐渐减少，白细胞增多，变为白色恶露。

（3）白色恶露

白色恶露黏稠，色泽较白，含大量白细胞、坏死组织蜕膜、表皮细胞及细菌等，白色恶露持续 3 周。

正常恶露有血腥味，但无臭味，持续 4～6 周，总量 250～500 毫升，个体差异较大。

三、产妇恶露的观察及护理要点

通过对恶露的观察，注意其质和量、颜色及气味的变化，可以了解子宫恢复是否正常。

技能要求

照护产妇恶露

操作步骤

步骤 1　观察时要注意恶露的色、味、量。

步骤 2　恶露多时，应指导产妇勤换卫生巾。

步骤 3　保持会阴清洁，预防感染，产后发生产褥感染时，会引起子宫内膜炎或子宫肌炎。这时，产妇有发热、下腹疼痛、恶露增多并有臭味等症状。这时的恶露不仅有臭味，而且颜色不是正常的，而呈浑浊、污秽的土褐色。

步骤 4　如果出现异常，应建议及时就医。如果产后两周，恶露仍然为血性，量多，伴有恶臭味，有时排出烂肉样的东西或者胎膜样物，子宫复旧很差，这时应考虑子宫内可能残留有胎盘或胎膜，随时有可能出现大出血，应立即去医院诊治。

学习单元 5　遵医嘱照护侧切产妇及剖宫产产妇

学习目标

1. 熟悉侧切伤口及剖宫产刀口的位置。

2. 能够遵医嘱照护侧切产妇及剖宫产产妇。

一、侧切伤口及剖宫产刀口的位置

侧切伤口的解剖位置：在会阴体部的左侧或右侧。

剖宫产刀口的解剖位置：耻骨联合上方，横向或纵向。

二、遵医嘱照护侧切产妇及剖宫产产妇观察要点

观察侧切伤口有无红肿，有无渗血，有无硬结，有无感染现象，有无缝合线的排异反应。

观察剖宫产刀口有无渗血及渗液，有无红肿，有无感染现象，有无脂肪液化现象，有无缝合线排异反应。

按照医嘱照护侧切产妇及剖宫产产妇

一、操作步骤

1. 侧切产妇

步骤1 保持侧切伤口干燥。产妇如厕、洗完澡后，用面纸轻拍会阴部，保持侧切伤口的干燥与清洁。勤换卫生垫，避免湿透，让会阴侧切伤口浸泡在湿透的卫生垫上，伤口会很难愈合。

步骤2 产后4～6周内，应该避免性行为。

步骤3 勿提重物。会阴侧切产后1个月内，不要提举重物，也不要从事重体力的家务劳动和运动。

步骤4 每天要用温开水冲洗会阴部，尤其每次便后应从前往后擦。

2. 剖宫产产妇

步骤1 手术后刀口的痂不要过早地揭，过早强行揭痂会把尚停留在修复阶段的表皮细胞带走，甚至撕脱真皮组织，并刺激伤口出现刺痒。

步骤2 涂抹一些外用药（如炉甘石擦剂）止痒。

步骤3 避免阳光照射，防止紫外线刺激形成色素沉着。

步骤4 改善饮食，多吃水果、鸡蛋、瘦肉、肉皮等富含维生素C、维生素E以及人体必需氨基酸的食物；这些食物能够促进血液循环，改善表皮代谢功能。此外，切忌吃辣椒、葱、蒜等刺激性食物。

步骤 5　保持疤痕处的清洁卫生，及时擦去汗液，不要用手搔抓、用衣服摩擦疤痕或用水烫洗的方法止痒；以免加剧局部刺激，促使结缔组织炎性反应，引起进一步刺痒。

二、注意事项

1. 会阴伤口如出现红肿、热痛，应及时就诊。
2. 会阴伤口如出现渗液，应及时就诊。
3. 剖宫产刀口如有红肿现象，应立即就诊。
4. 剖宫产刀口如有渗液，应立即就诊。
5. 尽可能穿纯棉衣物，避免产妇穿化纤衣物，以防止产生过敏。

学习单元 6　疏导产妇的不良情绪

学习目标

1. 了解产妇的心理特点。
2. 掌握产妇不良情绪产生的原因。
3. 能够疏导产妇的不良情绪。

知识要求

一、产妇的心理特点

1. 不稳定因素

产妇身体内的雌激素和孕激素水平下降，与情绪活动有关的儿茶酚胺分泌减少，体内的分泌调节处于不平衡状态，所以其情绪很不稳定。

2. 焦虑因素

产妇在经历妊娠、分娩之后，身体疲惫、虚弱，精神也会受到影响。

3. 紧张情绪

造成产妇紧张情绪的原因是多方面的，与分娩后体内激素比例重新分配、产妇分娩后角色转变、不知如何哺育期待已久的小儿等有关。

4. 依赖性情绪

产妇由于产后生理的特殊性，受传统"月子"习惯影响而产生依赖性情绪。

5. 产褥期抑郁症

近年来，产褥期抑郁症已被广泛关注，这种心灵的闭塞症是产妇在特殊时期出现的一种心智性疾病，表现为精神呆滞、孤独无援、疑虑烦躁、生活懒散。对此，产妇在产前应学习一些产褥期知识，产后尽早下地活动，恢复原有的兴趣。

此外，产妇情绪的好坏与婴儿生长发育密切相关。

二、产妇不良情绪产生的原因

1. 健康知识的掌握情况

产妇分娩前对健康知识的缺乏易使产妇对分娩过程无清楚认识，更易增加分娩的疼痛；产后面对自身疾病、胎儿健康与否等因素更易产生焦虑、不安、恐惧的情绪。

2. 身体恢复情况

产妇因切口疼痛、乳房胀痛、大出血、乳腺炎、剖宫产刀口感染及便秘等各种产后不适，易出现焦虑的情绪。

3. 分娩情况

采用何种方式分娩及分娩是否顺利均影响产妇的情绪。

4. 新生儿情况

新生儿健康状况、育儿方法及新生儿性别等问题均影响产妇的情绪；尤其是一些家庭重男轻女的情结使得产妇在新生儿出生后，有一定的心理压力。

5. 情感支持情况

产妇进入待产室或产房后，因需独自面对陌生的环境，会感到孤独不安，产后若得不到家人的关心和呵护也会出现焦虑的情绪。

 技能要求

疏导产妇的不良情绪

一、操作步骤

1. 指导产妇转移焦点

产妇遇到不顺心的事情，应适当将自己的注意力转移到一些愉快的事情上，身体力行地参与力所能及的愉快活动。

2. 求救法

产妇主动去寻求和接受别人的关注，用他人的关爱来保护自己是一种很有效的抵御抑郁的方法。

3. 指导产妇放松充电法

产妇将孩子暂时交给其他人照料，让自己和爱人放个短假，看场电影，逛逛商场，避免心理和情绪的透支。

4. 行为调整法

产妇做一些放松活动，如深呼吸、散步、打坐、冥想平静的画面、听舒缓优美的音乐等。

5. 自我实现法

生儿育女只是女性自我实现的一种方式，但并不是唯一的方式，趁着休产假的时间关注一下自己所擅长的事业，待产假结束以新的形象出现。

6. 角色交替法

产妇虽已为人母，但仍是丈夫的娇妻、父母的爱女，要给自己换个角色享受娇妻爱女的权利。

7. 自我鼓励法

产妇多鼓励一下自己，看到自己的优点，想到事物好的方面以及多看到别人对自己的关心，不多计较和在意别人的看法和观点。

二、注意事项

1. 观察产妇的情绪变化，掌握沟通技巧，即不能直白，要婉转。

2. 要了解产妇的生活习惯、喜好与禁忌，发现产妇情绪低落时，要主动关心，并与其进行交流。

3. 不要以指导者的口气同产妇讲话，要注意讲话的艺术。

4. 争取产妇家属的支持。

第 3 节　照护新生儿

学习单元 1　照护患黄疸的新生儿

学习目标

1. 了解新生儿黄疸产生的原因。

2. 熟悉生理性黄疸的表现。

3. 熟悉病理性黄疸的表现。

4. 熟悉母乳性黄疸的表现。

5. 能够照护患黄疸的新生儿。

知识要求

一、新生儿黄疸产生的原因

新生儿黄疸与新生儿胆红素的代谢特点有关。新生儿出生后供氧由胎儿期的母体供给转为自主肺呼吸，大量红细胞很快被破坏，产生大量胆红素。新生儿肝脏功能不完善，肝葡萄糖醛转移酸酶活力低下，胆红素在肝内来不及处理，产生了不同程度的黄疸。根据新生儿黄疸产生的原因，新生儿一般情况，黄疸的出现时间、进展程度，胆红素水平及黄疸持续时间，可将新生儿黄疸分为生理性黄疸、病理性黄疸和母乳性黄疸。

二、生理性黄疸的表现（见图3—219）

1. 一般在新生儿出生后2～4天出现黄疸，皮肤、巩膜出现黄染，一般手心和脚心未呈现黄色。足月儿7～10天自行消退，早产儿可延长至2～4周。

2. 新生儿一般情况良好，除偶有食欲差外，无其他症状。

3. 大小便颜色无异常。

4. 大多会自行消退，无须治疗。

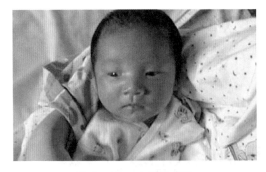

图3—219　生理性黄疸

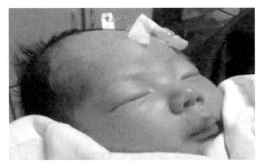

图3—220　病理性黄疸

三、病理性黄疸的表现（见图3—220）

病理性黄疸可由溶血、红细胞膜异常、代谢性疾病、新生儿肝炎、胆道闭锁、细

菌感染及母乳性黄疸所致。黄疸出现早，出生后 24 小时内出现。程度重，足月儿血清胆红素浓度超过 12.9 毫克／分升，早产儿超过 15 毫克／分升，血清结合胆红素增高超过 1.5 毫克／分升。进展快，血清胆红素每天上升超过 5 毫克／分升，黄疸持续时间较长，超过 2～4 周，或进行性加重或退而复现。

四、母乳性黄疸的表现（见图 3—221）

母乳性黄疸的原因是母乳中的某些物质影响婴儿胆红素代谢，分为早发型和晚发型。早发型为出生后 3～4 天黄疸加重，严重者有引起胆红素脑病的危险。晚发型为出生后 5～15 天黄疸达高峰后持续不退或消退缓慢，可持续数周，甚至可达 3～4 月，小儿除黄疸外无其他症状，生长发育良好，暂停母乳喂养可减轻。

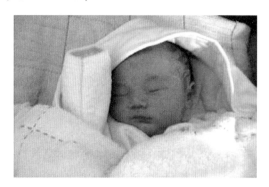

图 3—221 母乳性黄疸

技能要求

技能 1 照护患生理性黄疸的新生儿

操作步骤

步骤 1 每天仔细观察，并指导产妇观察新生儿巩膜、皮肤、黏膜、手脚心颜色变化及新生儿精神状态，做好记录。

步骤 2 如果发现新生儿巩膜、皮肤或黏膜发生黄染，而睡眠及精神状态良好，吃奶正常，大小便正常，则可建议产妇适量增加自己的液体摄入，以使新生儿得到足量的水分而改善代谢。

步骤 3 若新生儿黄疸逐日加重，除巩膜、皮肤及黏膜外，手脚心亦出现黄疸，但精神状态良好，吃奶及大小便无明显异常，则建议停止母乳喂养 2～3 天，待黄疸减轻后再继续以母乳（期间以奶粉代替）喂养，或者向保健医生咨询。

步骤 4 可给新生儿多喂些葡萄糖水，并多接触日光，有助于消退黄疸。

步骤 5 预防感染，有感染要及时治疗。

步骤 6 若新生儿黄疸持续超过两周，或新生儿巩膜、皮肤、黏膜及手脚心均黄染且迅速加重，伴有烦躁、哭闹、精神萎靡、拒乳或大便发白等异常，应建议家长立即带新生儿就医。

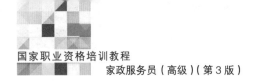

步骤 7　建议做好观察日记，一方面帮助判断；另一方面有利于积累护理经验。

技能 2　照护患母乳性黄疸的新生儿

一、操作步骤

步骤 1　日光浴有助于消退黄疸。

步骤 2　每次喂奶前把吸出的母乳放在 56℃ 的水中浸泡 15 分钟，之后再喂婴儿，持续 2～3 天。

步骤 3　必要时可暂停母乳 3 天。

步骤 4　黄疸重时，还可酌情服用消退黄疸的药物。

二、注意事项

1. 如黄疸加重，应立即就医。

2. 如黄疸消退后又再次加重，应立即就医。

3. 物理疗法对新生儿眼部的保护及室温的要求较高。

4. 请医生协助确定，不用特殊治疗，可自愈。

学习单元 2　照护早产儿、低出生体重儿和巨大儿

学习目标

1. 了解早产儿、低出生体重儿和巨大儿的特征。

2. 能够照护早产儿、低出生体重儿和巨大儿。

知识要求

一、早产儿的特征

胎龄在 37 足周以前出生的活产婴儿称为早产儿或未成熟儿，其出生体重大部分在 2 500 克以下，头围在 33 厘米以下，身长小于 45 厘米。

1. 头颅较大

早产儿头颅相对更大，与身体的比例为 1 : 3，囟门宽大，颅骨较软，头发呈绒毛状，指甲软，男婴睾丸未降或未全降，女婴大阴唇不能盖住小阴唇。

2. 呼吸系统不成熟

早产儿因呼吸中枢和呼吸器官发育不成熟，呼吸功能常不稳定，部分可出现呼吸暂停和青紫。有些早产儿因肺表面活性物质少，可发生严重呼吸困难和缺氧，称为肺透明膜病，这是导致早产儿死亡的常见原因之一。

3. 消化吸收能力弱

早产儿吸力和吞咽反射均差，胃容量小，易发生呛咳和溢乳。消化和吸收能力弱，易发生呕吐、腹泻和腹胀。肝脏功能不成熟，生理性黄疸较重且持续时间长。肝脏储存维生素 K 少，各种凝血因子缺乏，易发生出血。此外，其他营养物质，如铁、维生素 A、维生素 D、维生素 E、糖原等，早产儿体内存量均不足，容易发生贫血、佝偻病、低血糖等。

4. 体温中枢发育不成熟

早产儿体温中枢发育不成熟，皮下脂肪少，体表面积大，肌肉活动少，自身产热少，更容易散热。常因为周围环境寒冷而导致低体温，甚至硬肿症。

5. 神经反射差

早产儿各种神经反射差，常处于睡眠状态。体重小于 1 500 克的早产儿还容易发生颅内出血，应格外重视。

6. 免疫功能差

早产儿的免疫功能比足月儿差，对细菌和病毒的杀伤和清除能力不强，从母体获得的免疫球蛋白较少。由于对感染的抵抗力弱，容易引起败血症，其死亡率亦较高。

二、低出生体重儿的特征

出生体重小于 2 500 克的新生儿称为低出生体重儿。

低出生体重儿的身体各器官发育不成熟，生活能力低下，适应性与抵抗力差，吸吮、吞咽功能不完善，胃容量小，消化酶不足，吸收、消化能力差，易发生喂养困难、呛奶、吐奶。再加上低出生体重儿体内糖原储备少，而又处于高代谢状态，较正常新生儿更易出现低血糖，体重不增，抵抗力更低下，甚至死亡。

由于低出生体重儿胃容量小，胃肠蠕动功能弱，易发生胃食管反流和呕吐；而且低出生体重儿咳嗽反射差，甚至无咳嗽反射，呕吐易使其窒息和呼吸暂停。鼻十二指肠管饲喂养可以保证低出生体重儿生长营养的需要，以减少呕吐和吸入的可能性。低出生体重儿皮下脂肪少，保温能力差，呼吸机能和代谢机能都比较弱，特别容易感染疾病。

三、巨大儿的特征

新生儿的出生体重等于或大于 4 000 克，就可以称为巨大儿。

巨大儿的特征为体重大，易发生低血糖，食奶量大。

技能要求

照护早产儿、低出生体重儿和巨大儿

一、操作步骤

1. 早产儿的家庭护理

早产儿出院后需要父母精心照料，喂养时慢慢增加喂食量，餐多量少，早产儿吮吸力不足，妈妈要耐心喂养。早产儿对温度及其变化亦是很敏感的，一定要注意保暖，父母要保持和医生的密切联系，一有疑问随时咨询医生。

（1）由于早产儿吸吮力不足，应耐心喂养，一般出院初期，一次喂奶多需要30～40分钟。

（2）出院回到家的早产儿，头两三天内，其每餐喂食量应先维持在医院时的原量，不必增加。待适应家里的环境后再逐渐加量，因为环境变迁对幼儿影响很大，尤其是胃肠的功能。

（3）采取餐多量少及间断（每吸食1分钟，将奶瓶抽出口腔，让早产儿呼吸约10秒钟，然后再继续喂食）的喂食方式，可减少吐奶及呼吸上的压迫。

（4）可给早产儿喂食奶粉，以促进消化及增加营养吸收。

（5）早产儿对温度及其变化亦是很敏感的，所以要注意体温的保持及温度的衡定性，以免致病。

（6）定期回医院追踪检查及治疗，如视听力、黄疸、心肺、胃肠消化及接受预防注射等。

（7）保持与医生密切的联系，以便随时能咨询。

（8）练习幼儿急救术，如吐奶、抽搐、肤色发绀时的处理，以备不时之需。

2. 低出生体重儿的家庭护理

（1）低出生体重儿对室内空气的好坏比成人要敏感，请特别注意以下两点：

1）保持室内空气流通，定期打开窗户，置换新鲜空气。家人如果感冒，则一定要戴口罩。在流感季节可询问儿科医师，以决定是否给低出生体重儿打预防疫苗。

2）烟雾是呼吸道疾病的致病因素，千万不要让低出生体重儿暴露在二手烟下，父

母也一定要避免在室内抽烟。如果刚刚抽过烟，暂时不要亲近低出生体重儿。

（2）在低出生体重儿出生之后的 1～3 个月内，面对访客的原则应该是严格限制。最好限制客人的来访时间，尽量不让客人碰触低出生体重儿；如果一定要近距离接触低出生体重儿，请客人务必把手洗干净。之所以这样做，主要有如下两个原因。

1）让低出生体重儿有充足的时间来适应家中的新环境。

2）避免客人可能带来的疾病传染。

（3）卧室窗口要有防护栅栏，当妈妈抱着低出生体重儿在窗口站立时，要避免因为探视窗外而不慎将低出生体重儿跌下。

（4）床头柜的四周应为圆角，以免给低出生体重儿带来意外撞伤。

（5）婴儿床的四周要有床栏，以防低出生体重儿意外滚落。

（6）空调的温度不要太低或太高，每天要定时开窗通风，保持室内空气畅通。

（7）喂奶后不要仰卧，低出生体重儿容易溢奶，喂奶后应该让低出生体重儿采取头偏右侧卧位，防止溢奶堵住口鼻。

（8）不与成人同床同被，以防意外压伤低出生体重儿，或是造成低出生体重儿窒息。低出生体重儿应该独睡在小床上，将婴儿床放在大床的旁边，也方便成人照顾。

（9）不要在低出生体重儿枕边放小物品或玩具，以免造成误食或塞住口鼻而发生意外。

（10）不摇晃低出生体重儿入睡，一旦过度用力或不当摇晃，则可能使低出生体重儿脑组织受到损伤。如果低出生体重儿不肯入睡，不妨让他哭一会儿，哭累了自然会入睡，建议让低出生体重儿养成自然入睡的好习惯。

（11）母乳仍是最好的选择，和一般足月婴儿一样，母乳可以给低出生体重儿提供更合适的营养，请尽量以母乳哺喂低出生体重儿至 1 岁，这样不仅能让低出生体重儿的胃肠功能发育良好，而且能获得更强的预防疾病和抵抗能力。

3. 巨大儿的家庭护理

由于巨大儿容易发生低血糖，而且巨大儿食奶量较大，因此要注意喂养问题。

二、注意事项

1. 照护早产儿的注意事项

（1）与早产儿玩耍时，动作要慢、要轻，不要经常用新玩具包围他，不要过分刺激早产儿。

（2）留意早产儿的反应，如他头部转向，或不再注视你时，就表示他已"够"了，这时应停止与他玩耍。

（3）注意室内温度，因为早产儿体内调节温度的机制尚未完善，没有一层皮下脂肪为他保温，失热很快，所以保温十分重要。

（4）晚上又黑又静，早产儿可能不习惯，可亮夜灯及播放育婴音乐，以帮助早产儿适应环境。

（5）早产儿喜欢被襁褓裹起来，注意襁褓布料一定要柔软、无刺激性，头部绝不能包起来。

（6）早产儿由于呼吸系统未发育完善，对空气污染物十分敏感；所以婴儿房必须保持空气洁净，禁止吸烟。

（7）婴儿床上用品及婴儿室内家具的颜色都不宜过鲜艳、过明亮，以免对早产儿产生过分刺激。

（8）如果早产儿能吮吸，就让他吸奶嘴。这样可以帮助他提高口腔活动技能，也可以给予他一定的安全感。

（9）最重要的一点是要留心早产儿特殊的需求，一般规律不一定完全适合早产儿的需要，家政服务员必须"听他指挥"，千万别强加于他。

2. 照护巨大儿的注意事项

（1）提倡母乳喂养巨大儿。相比母乳喂养，人工喂养的巨大儿要多一些，母乳实在不足，也要让巨大儿先吃完母乳，再补充婴幼儿配方奶粉。

（2）哺乳期间妈妈要特别注意自己的饮食，少吃脂肪含量过高的食物，如炸鸡、动物皮、奶油等。

（3）给巨大儿添加辅食不宜太早，6个月后添加辅食最为合适。

（4）6个月以后，不要长时间抱着巨大儿，尽量让他多活动。

学习单元3　及时报告
新生儿异常情况

学习目标

1. 熟悉新生儿常见异常情况。
2. 掌握如何及时报告新生儿异常情况。

知识要求

一、啼哭

1. 饥饿式啼哭

当新生儿饥饿时，哭声洪亮，哭叫的同时头会来回转动，嘴会不停寻找，并做出吸吮动作。此时，只要及时给新生儿喂食，啼哭就会立即停止。

2. 冷暖式啼哭

当新生儿冷时，哭声会减弱，严重的还会伴有面色苍白，手脚冰凉，身体蜷缩；此时，只要把新生儿抱在怀中温暖或加盖衣被，新生儿便不哭了。如果新生儿哭得满脸通红、满头是汗，一摸身上也是湿湿的，被窝很热或新生儿的衣服太厚；此时减少铺盖或衣服，新生儿就会慢慢停止啼哭。此外，尿布湿了，不舒服，新生儿也会哭闹；换块干的，新生儿就安静了。成人务必使新生儿的房间保持所需温度，可用手抚摸新生儿的颈后，以测试是否太冷或太热。

3. 疼痛式啼哭

疼痛式啼哭多表现为突然尖哭，如被挤压、刺痛或腹痛等。此时可采取下列方法：立刻接近新生儿，紧抱并轻声安慰，检查新生儿全身是否有异物刺痛或衣服太紧；排除痛源之后新生儿便会停止啼哭。陪着新生儿直到他完全安静为止；如果安慰不起作用，哭闹持续不止或伴随发热、呕吐、腹泻等症状时，应送医院尽早诊治。

4. 刺激性啼哭

当新生儿受到猛烈或突然的刺激，如光线、噪声、猛烈的动作或蚊虫叮咬等，表现出阵发性尖哭。此时，家政服务员应及时把新生儿抱在怀里，采用一般接触、活动和说话等抚慰法。避免强光、高声和突然的动作造成的突然刺激；必要时应裸露并检查受伤部位，以便及时去除诱因。

5. 疲倦式啼哭

许多新生儿疲倦时就啼哭，想要睡觉的哭声与饥饿的哭声不一样，往往会哼哼唧唧。有些新生儿睡觉时会骤然抽动一下或猛然一动。这样可能使新生儿异常醒来，造成新生儿烦躁不安，也会引起哭闹。故应避免在新生儿睡觉前过度逗引或白天过分使其兴奋和疲倦；养成新生儿安静入睡的习惯，同时晚餐切勿过饱，以免造成胃肠不适，影响睡眠而哭闹。

二、饮食

当发现新生儿突然改变了原有的饮食习惯或饮食兴趣；并伴有哭闹，给他吃奶他也予以拒绝，或吃得很少，给他平时很爱吃的东西也还是拒绝；这可能是新生儿已患病但尚未表现出明显的症状，应密切观察，一旦发现其他异常应立即就医。

三、睡眠

新生儿的睡眠时间远比成人要多得多，且睡眠程度均较熟，孩子年龄越小，睡眠时间越长；新生儿每日需睡 14 小时以上，12 个月至 2 岁的孩子每日需睡 13 小时左右，3～6 岁的孩子一般每日需睡 12 小时左右。如果发现孩子每日的睡眠时间减少，夜间睡得不安稳，经常翻身且容易惊醒；如没有引起他不睡觉的因素，家政服务员就应该密切观察，看是否有潜在的疾病或缺乏钙质，必要时应立即就医。

四、早醒

许多新生儿睡觉时会早醒并哭闹。此类问题可以采取在其小床上放置有趣玩具的方式来加以解决，这样当新生儿醒来时，注意力会被这些玩具所吸引；或是在小床的一侧放置一面镜子，他看见自己反射的影子就不会感到孤单了。不必一听到"呀呀"的自言自语声就立即去关注他；可适当地加以观察，如无异常就不要去抱他或哄他；但是，如果新生儿有烦躁不安的表现，就必须密切观察，如发现异常应立即就医。

五、夜醒

新生儿会出现夜醒的情况。新生儿过了 6 个月后若还反复出现夜醒，父母就应仔细寻找原因，并及时解决问题。导致新生儿夜醒的因素有以下三个：

1. 检查一下新生儿是否太热或太冷，要让新生儿在适宜的温度环境中睡觉。
2. 检查尿布是否湿了或新生儿是否患有小儿佝偻病。
3. 新生儿睡下后是否反复调整新生儿的睡姿。

六、夜啼

新生儿常常在夜间入睡后，突然大声啼哭，且持续时间较长。此时，即便抱着、摇着，新生儿也哭个不停，即使暂时不哭了，只要往床上一放，马上又会大哭起来，新生儿夜啼有以下原因：

1. 新生儿吃奶时含乳头的方式不正确，吸吮乳汁的同时也吸进了过多的空气，导致肠胀气，引发痉挛性腹痛。可用小儿开塞露半支挤到新生儿肛门内，稍堵住肛门片刻，使其排便排气，一般即可有效。
2. 有的新生儿夜啼是因为饥饿，如果抱起来喂些奶，新生儿就会慢慢安静下来。
3. 有的新生儿夜啼是因为环境太热或太冷，适当调节室温后，新生儿就会慢慢安静下来。

4. 新生儿夜啼有可能是因为缺钙，血钙下降可使新生儿的神经肌肉兴奋性增高，夜间或睡眠时稍有惊吓便啼哭不止，同时可伴有多汗、枕秃等。应及时就医。

5. 疾病是导致新生儿夜啼的主要原因，如发烧、肠绞痛等。应仔细观察，必要时立即就医。

七、睡眠昼夜颠倒

许多新生儿白天睡觉，晚上哭闹，这一问题困扰着许多父母，有的甚至担心新生儿是不是病了。事实上，新生儿白天睡得比晚上要好。一般情况下随着新生儿逐渐长大，会慢慢调整睡眠模式，也就是白天越睡越少，晚上越睡越多。如果非要调整新生儿的这种睡眠方式，可以适当增加新生儿白天的活动量，这样有助于调节新生儿的夜眠状态。另外，每天晚睡前都做同一件事，让他知道接下来便要睡觉了。

八、便溺

平时新生儿小便较多，颜色淡黄且清澈。若新生儿出现小便次数少，便量也减少，且颜色发黄、浑浊，说明新生儿可能已在发热。一般情况下新生儿每日要大便2～3次，如果新生儿出现大便次数减少，或大便次数明显增多，且有黏液相混，则说明新生儿可能已经生病，应立即请医生诊治。

九、精神状态

健康的新生儿均具有好动的习惯，且精神饱满，当他吃饱时便会手舞足蹈，会学着与你说话。若新生儿一旦出现表情淡漠、不喜言笑、不爱睁眼睛、吃饱后逗他无反应等精神不振的表现，家政服务员便要提高警惕，且要密切观察，若发现异常，应立即就医。

十、呼吸

一般情况下新生儿的呼吸都是较均匀而平静的。如果新生儿出现呼吸急促、表浅、呼吸深重或困难，甚至面色青紫、口唇发紫、手脚冰凉，多表明新生儿在发热或患有呼吸系统疾病或心血管系统疾病，应立即就医。

十一、脐炎（见图 3—222）

1. 保持脐部干燥、清洁、脐部用 95% 的酒精消毒。

2. 如脐部周围结肿并有脓性分泌物，有异味，应立即就诊。

十二、湿疹

1. 用炉甘石擦剂擦拭皮肤湿疹部位。

2. 尽量少沾水，严重者可用百多邦外用药物治疗，如湿疹严重，应送医院就诊。

十三、鹅口疮（见图 3—223）

1. 奶具、食具应煮沸、消毒。

2. 新生儿擦嘴的毛巾应煮沸、消毒后使用。

3. 母乳喂养新生儿前，产妇应认真清洗乳头。

4. 家政服务员的手洗净后，再护理新生儿。

5. 药物治疗：制霉菌素甘油涂于口腔内。

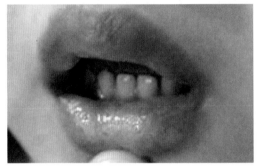

图 3—222　脐炎　　　　　　　　　图 3—223　鹅口疮

十四、脐疝（见图 3—224）

1. 减轻腹压，脐疝大者少哭。

2. 防嵌顿。

3. 不用硬币、纽扣压在疝环上。

十五、臀红（见图 3—225）

1. 保持臀部清洁、干燥，勤换尿裤。

2. 排便后用温水清洗臀部，不要用肥皂。

3. 尿布要洗干净，漂清，在太阳下晒干。

4. 合理使用一次性尿布。

5. 合理使用护臀霜。

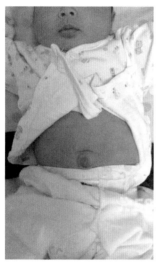

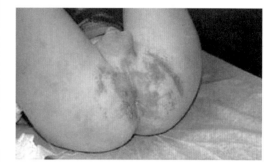

图 3—224　脐疝　　　　　　　　　图 3—225　臀红

十六、呕吐

1. 新生儿反复呕吐，应去医院检查。

2. 呕吐时立即把新生儿头侧睡，以免呕吐物吸入气管、造成窒息或吸入性肺炎。

3. 暂时停止进食。

十七、打嗝

1. 打嗝后吃些母乳或牛乳、温开水等使膈肌放松，打嗝停止。

2. 如新生儿一般情况很差且病重，打嗝时应速送医院。

十八、褶烂

1. 注意新生儿卫生，保持皮肤干燥，防止汗液长时间浸渍皮肤。

2. 勤洗澡、勤换衣，避免新生儿包裹太紧。

3. 褶烂处扑粉，扑粉不宜过多，粉多遇湿结块，反而会引起刺激。扑粉后常观察，不使粉黏糊。

4. 肥胖儿褶缝较深，不易分开，更应注意护理。

第4章
照护婴幼儿

第1节　功能训练

学习单元1　带领婴幼儿做
主动操和被动操

学习目标

1. 了解什么是婴幼儿主动操、被动操。
2. 能够带领婴幼儿做主动操、被动操。

知识要求

一、婴幼儿主动操

0~6个月婴儿自己做主动操，家政服务员只要给一些帮助即可；比如说婴儿上肢自主活动的时候，家政服务员可以用一些东西做诱导，让婴儿的胳膊能做不同的活动。比如婴儿自己张开手时，可以在他的手掌中放些细柄或带把的小玩具，让婴儿握住，练习婴儿的抓握能力。婴儿有抓东西的能力时，家政服务员要将一些适合婴儿的玩具放在他面前引逗，训练婴儿主动抓握。下肢运动，家政服务员端坐，抱起婴儿，双手

扶住他的腋下，婴儿会在家政服务员的大腿上连续蹦跳。卧位时把婴儿的腿放在家政服务员的肚子一侧，他就会使劲蹬踹，锻炼婴儿腹肌、腰肌、腿部肌肉和双脚的力量。

二、婴幼儿被动操

婴幼儿被动操是在家政服务员的适当协助下，由婴幼儿主动动作完成的。婴幼儿被动操主要是锻炼婴幼儿四肢、肌肉、关节的运动；锻炼腹肌、腰肌以及脊柱的运动，如弯腰拾物运动、扶腋步行、双脚跳跃等；为站立、行走作准备。被动操适用于6~12个月的婴幼儿，这个时期的婴幼儿已经有了初步自主活动的能力；能自由转动头部，自己翻身，独坐片刻，双下肢已能负重，并上、下跳动。婴幼儿每天进行被动操练习可活动全身的肌肉、关节，为爬行、站立和行走打下基础。

技能要求

带领婴幼儿做被动操

一、操作准备

1. 选择舒适的床或地垫，上面铺干净的布单（如果在床上做，床垫不能太软）。
2. 室温要求在 22~25℃。
3. 婴幼儿锻炼时应穿着舒适、宽松的衣裤，也可以裸体做，根据婴幼儿的大小、体力适当增减节拍。
4. 被动操尽量安排在婴幼儿清醒、情绪好的时候，两餐之间。可播放一些舒缓的轻音乐或童谣来调节气氛，有助于婴幼儿情绪放松。

二、操作步骤

第一节：扩胸运动

预备姿势：婴幼儿仰卧，如图 4—1 所示，家政服务员双手握住婴幼儿的双手，把拇指放在婴幼儿手掌心内，其余四指抓握婴幼儿腕部。让婴幼儿保持握拳姿势，婴幼儿双臂放在身体两侧下垂。

第 1 拍：将婴幼儿两臂举起向胸前呈交叉状，如图 4—2 所示。

第 2 拍：将婴幼儿两臂向体侧外展 90°，手心向上，重复两个 8 拍，如图 4—3 所示。

注意：双臂平展时可帮助婴幼儿稍用力，两臂向胸前交叉时动作应轻柔些。每一节拍婴幼儿的手应左右上下轮换。

图 4—1 预备姿势

图 4—2 胸前交叉

图 4—3 双手外展

第二节：伸屈肘关节（见图 4—4 至图 4—6）

预备姿势：同第一节扩胸运动。

第 1 拍：将婴幼儿一侧手臂以肘关节为轴心，举起并屈肘关节，手心朝上，上举时手尽量接近婴幼儿耳旁。

第 2 拍：肘关节伸直还原。

第 3、4 拍：另一侧相同，重复共两个 8 拍。

注意：屈肘关节时，手触婴幼儿肩膀，尽量接近婴幼儿身体，伸直时不要用力。

图 4—4 屈左臂肘关节

图 4—5 肘关节伸直还原

图 4—6 屈右臂肘关节

第三节：肩关节运动（见图 4—7 至图 4—10）

预备姿势：同第一节扩胸运动。

第 1、2 拍：以婴幼儿肩关节为轴心，将婴幼儿一侧手臂自然垂下；另一侧手臂由内向外作圆形旋转肩关节；分别以顺时针或逆时针旋转运动，也可以一圈顺时针，一圈逆时针。

第 3、4 拍：还原。

第 5～8 拍：换另一侧手臂，动作相同，重复共两个 8 拍。

注意：动作必须轻柔，切不可用力拉婴幼儿两臂勉强做动作，以免损伤关节及韧带。

图 4—7　婴幼儿仰卧

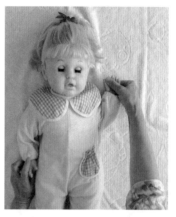
图 4—8　旋转左肩关节

图 4—9　还原动作

图 4—10　旋转右肩关节

第四节：伸展上肢（见图 4—11 至图 4—15）

预备姿势：同第一节扩胸运动。

第 1 拍：将婴幼儿两臂向胸前举起。

第 2 拍：两臂向体侧外展 90°，使上肢与其躯干成十字形。

第 3 拍：以肩关节为轴心，上举婴幼儿双臂过头顶，掌心向上。

第 4 拍：动作还原，重复共两个 8 拍。

注意：双臂上举时与肩同宽，动作轻柔。

图4—11　婴幼儿仰卧

图4—12　双臂胸前向上

图4—13　双臂外展

图4—14　双臂向上

图4—15　双臂还原

第五节：伸屈踝关节（见图4—16至图4—18）

预备姿势：婴幼儿仰卧，家政服务员一只手握住婴幼儿脚踝部，另一只手握住婴幼儿足前掌。

第1拍：将婴幼儿足尖向足背屈踝关节。

第2拍：足尖向足底伸展，轻轻地旋转踝关节，至8拍。

第3、4拍：换另一侧足踝部做伸屈动作，做8拍。

注意：伸屈时动作要求自然，切勿用力过度。

第六节：双腿轮流伸屈（见图4—19至图4—22）

预备姿势：婴幼儿仰卧，双腿伸直平放。家政服务员拇指在下，四指在上，双手分别握住婴幼儿小腿近踝处。

第1拍：将左侧下肢伸直上举成45°。

第2拍：上举成90°。

第3、4拍：还原，重复共两个8拍。

注意：屈膝时稍帮助婴幼儿用力，伸直动作放松。

第 4 章　照护婴幼儿

图 4—16　婴幼儿仰卧

图 4—17　伸屈左侧踝关节

图 4—18　伸屈右侧踝关节

图 4—19　婴幼儿取仰卧位

图 4—20　左腿伸屈

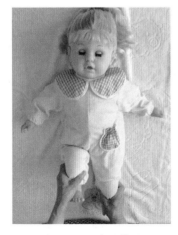

图 4—21　右腿伸屈

图 4—22　双腿还原

第七节：下肢伸直上举（见图4—23至图4—25）

预备姿势：婴幼儿两下肢伸直平躺，家政服务员两掌心向下，握住婴幼儿两膝关节。

第1、2拍：将两下肢直上举成90°。

第3、4拍：还原，重复共两个8拍。

注意：两下肢伸直上举时，臀部不离开桌、床面，动作轻缓。

图4—23 预备姿势　　图4—24 双腿向上伸屈90°　　图4—25 双腿还原

第八节：转体，翻身运动（见图4—26至图4—28）

预备姿势：婴幼儿仰卧，家政服务员一只手扶婴幼儿的后背上方肩胛部，另一只手扶婴幼儿的臀部。

第1拍：将婴幼儿从仰卧位转为侧卧位。

第2拍：将婴幼儿转为俯卧位。

第3、4拍：另侧相同方法，重复共两个8拍。

图4—26 协助转体　　图4—27 向一侧翻身　　图4—28 从仰卧到俯卧

注意：

1. 仰卧时婴幼儿的双臂自然地放在胸前，使头略微地抬高一些。

2. 婴幼儿从俯卧位可翻转回仰卧位，也可以连续翻转。

3. 俯卧位后，家政服务员可就势用一只手抵住婴幼儿的双脚，另一只手拿玩具，在婴幼儿面前引导其向前爬。

三、注意事项

1. 婴幼儿被动操应在两次喂奶之间进行，在排大便后进行，避免训练中吐奶。

2. 做操前拥抱婴幼儿，做操中注意动作轻柔，让婴幼儿有舒适感、节律感。

3. 家政服务员尽量邀请爸爸、妈妈和婴幼儿一起锻炼，增进彼此感情。

4. 每天做 1～2 次，循序渐进，应灵活掌握，逐渐完善。

5. 如果婴幼儿哭闹不配合，可暂停，观察婴幼儿的情况。

6. 选择舒缓的轻音乐或童谣，声音不可过大，以免刺激婴幼儿的听力，训练后给婴幼儿喂些水。

学习单元 2　带领婴幼儿做模仿操

学习目标

1. 了解婴幼儿模仿操。

2. 能带领婴幼儿做模仿操。

知识要求

婴幼儿模仿力强，好学好动，对各种游戏、声音有极强的好奇心。模仿操就是根据婴幼儿这些特点来设计完成的，主要是通过一些儿歌、歌谣让婴幼儿模仿一些动作；如一些日常生活动作及跑、跳、平衡、弯腰等动作，具有强烈的游戏性和趣味性。模仿操比较容易掌握，在家中可以由成人编儿歌和动作让婴幼儿做。婴幼儿模仿操不但可训练他们的各种动作，培养婴幼儿的独立生活能力，而且可提高婴幼儿的想象力、创造力、模仿力、思维能力和语言表达能力。

技能要求

技能 1　带领婴幼儿做"宝宝洗脸"模仿操

目的：活动腕关节、肘关节、肩关节、上肢肌肉，逐步培养婴幼儿的自理生活能力和语言能力。

动作：婴幼儿伸出一只手，五指并拢在脸前。

一、二、三、四，右手在脸前上下洗 4 次；

二、二、三、四，右手顺时针转动 4 次；

三、二、三、四，左手在脸前上下洗 4 次；

四、二、三、四，左手顺时针转动 4 次。

配合语言或童谣直接做洗脸操。

洗洗脸，上、上、下、下；洗洗脸，上、上、下、下。

洗洗脸，转一转；洗洗脸，转一转。

技能 2　小鸭走路

目的：活动膝关节、髋关节、下肢肌肉，提高婴幼儿的想象力、思维能力和语言能力。

动作：孩子两手放背后，抬头，腰略弯。

一、二、三、四，向前走；

二、二、三、四，向前走；

三、二、三、四，向后退；

四、二、三、四，向后退。

配合语言：小鸭走路，嘎！嘎！嘎！

技能 3　小白兔跳

目的：训练婴幼儿腿部力量，全身动作的协调性、平衡功能及提高婴幼儿的想象力、思维能力、模仿能力、语言能力。

动作：两手张开，掌心向前，食指、中指竖起来，放在头两侧作耳朵，双脚做跳的动作。

配合语言：小白兔跳一跳。

一、二、三、四，向前跳；
二、二、三、四，向后跳；
三、二、三、四，向前跳；
四、二、三、四，向后跳。

技能 4　快乐的小蜗牛

我是快乐的小蜗牛，哟哟；背着房子去旅游，哟哟；伸出两只小犄角，哟哟；一边看来一边走，哟哟；依呀儿哟，呀依儿哟，我从来不回头不回头，哟哟。
我是快乐的小蜗牛，哟哟；天南地北去旅游，哟哟；刮风下雨都不怕，哟哟；躲进小屋乐悠悠，哟哟；依呀儿哟，呀依儿哟，天晴了我再走我再走，哈哈！

技能 5　两只老虎

两只老虎，两只老虎，跑得快，跑得快，一只没有眼睛，一只没有尾巴，真奇怪，真奇怪。

技能 6　拔萝卜

拔萝卜，拔萝卜，嗨哟嗨哟，拔萝卜，嗨哟嗨哟，拔不动，老婆婆，快快来，快来帮我们拔萝卜。

拔萝卜，拔萝卜，嗨哟嗨哟，拔萝卜，嗨哟嗨哟，拔不动，小姑娘，快快来，快来帮我们拔萝卜。

拔萝卜，拔萝卜，嗨哟嗨哟，拔萝卜，嗨哟嗨哟，拔不动，小黄狗，快快来，快来帮我们拔萝卜。

拔萝卜，拔萝卜，嗨哟嗨哟，拔萝卜，嗨哟嗨哟，拔不动，小花猫，快快来，快来帮我们拔萝卜。

注意事项

1. 选择的歌谣、歌曲适合孩子的年龄特点。

2. 做操的时候选择平整、宽阔的地方，防止孩子摔倒。

3. 家政服务员和家长要与孩子一同做或邀请小伙伴一同做，激发孩子的兴趣和团队意识。

学习单元3 训练婴幼儿的语言能力

1. 掌握婴幼儿语言能力训练的内容方法及注意事项。
2. 能给婴幼儿做语言训练。

一、提高婴幼儿语言能力的方式

语言是人类交际的工具、思维的武器，对婴幼儿来讲，尽早掌握语言是很重要的。新生儿是不会说话的，他们用哭表达自己的需求。在正确教育下，4～5岁的孩子语言已很丰富了。

婴幼儿语言的发展是一个连续的、有规律的过程。先学发音，对于2～3个月的婴幼儿，当成人"啊""哦"地和他说话时，就会咿呀学语，逗他时会大笑。进而是理解语言阶段，如7～8个月的婴幼儿，已能理解简单的语言，如问他灯在哪儿呢？婴幼儿就会指灯或看灯。婴幼儿稍大后，开始用轻柔的语音刺激他，说周围各种事物简单的名称，让他脑海中留有印象。

常常听到1岁左右幼儿的妈妈说"这孩子什么都懂，就是不会说"，这是因为他仍处于理解语言阶段。2岁左右的幼儿语言进入一个蓬勃发展的时期，这时已会说3～4个字组成的词语、句子，知道常见物品的名称，很喜欢和成人学说话。

二、婴幼儿语言能力训练的方法

在咿呀学语阶段，做到情绪愉快，积极发音；在理解语言阶段，做到理解得多，理解得对；在会说话阶段，做到语言清楚，内容丰富。这完全不是自发的，而是正确教育的结果。

1. 听力和模仿训练

听力和视觉的集中能使婴幼儿出现微笑、全身活跃和发音等反应，为了训练听力和提高模仿能力，可以做以下训练。

（1）"我在哪里"

3～4 个月的婴幼儿可以做"我在哪里"的游戏，从不同方向呼唤他的名字，鼓励他寻找发出声音的方向。

（2）"悄悄话"

经常与婴幼儿进行亲切温柔或悄悄话式的谈话，话要简短，对一些词汇可以加重语调、夸张口型，有时可稍作停顿，让婴幼儿能模仿。家政服务员发音要清晰，用词要简单、准确。

（3）"听指令，点部位"

互相按指令点到身体的部位，这个交互式游戏也能很好地训练婴幼儿的听力，提高婴幼儿的手眼协调能力。

（4）"听故事"

讲故事时，中间可以停顿，让婴幼儿接着编故事或讲下边一句。不仅训练了婴幼儿的听力，而且提高了婴幼儿的想象力、创造力、记忆力、语言表达能力。

（5）"指人物"

讲故事的时候让他靠近图书，并在图片上指出你正在讲的人或物。可以调整音调、语速去适应他所指的人或物。

（6）找东西

锻炼婴幼儿听力，可以说出某个家中物品名，从易到难，先从他喜欢的东西开始，让他找出来。

2. 表述能力的训练

（1）当婴幼儿啼哭时，家政服务员发出与他哭声相同的叫声，他会试着再发声，几次回声对答成功后，他会十分喜欢这个游戏，他渐渐学会了叫而不是哭。家政服务员可以把口张大一点，用"a"来代替哭声诱导婴幼儿对答，他就会慢慢地发出第一个元音。如果他无意间发出其他元音，无论是"o"还是"i"，都应赞扬他。

（2）对于稍大一些的婴幼儿，可以做下列游戏来训练表述能力。可以和婴幼儿做"打电话"的游戏，来提高语言表达能力。做"传话"的游戏，让婴幼儿留心听，准确记，把话传给别人，传话内容由简单到复杂；做"边听边说边做"的游戏，教婴幼儿边听，边复述，边按要求做；做"模仿"的游戏，模仿不同的人说话，如爷爷的声音、奶奶的声音、小朋友的声音、高兴的语调、生气的语调、哭的声音、笑的声音等；听录音复述故事；出门回来让他说说都看到了什么，最高兴的事是什么，什么最好玩；背古诗、歌谣的时候，做"我说上句，你接下句"的游戏；看嘴形猜话；词语接龙；说相反词；看图编故事等。

3. 婴幼儿的语言能力发展在很大程度上依赖于家庭环境

（1）家政服务员说话时，发音要准确、清晰，句子完整，语法规范，声调自然而适中；注意词汇丰富，语言精练，用标准的语言训练婴幼儿。

（2）对于婴幼儿，要伴随照料活动说话，讲究说话的艺术，语速适中，口齿清楚，声调温和亲切。不可用严厉的声调对婴幼儿说话，也不要恐吓他。要多用积极鼓励、阳光性的语言，少用消极、禁止性的语言；多用提问的方式跟婴幼儿说话，少用命令的方式叫婴幼儿做事等。

（3）让婴幼儿多接触悦耳的音乐、朗朗上口的儿歌和广告语、娓娓动听的童话故事、有趣的语言教育游戏等，让他模仿和练习。同时，要充分利用广播和电视中的少儿节目，让婴幼儿多模仿正确的语言；使婴幼儿增加词汇量，学习表情，丰富语调，在潜移默化中提高语言表达能力。

（4）婴幼儿有问题要允许他们问，从问题的解答中可以增长他们的知识，提高他们的思维能力、理解能力。好奇是婴幼儿的天性，婴幼儿从1岁半起就进入第一个好问期，喜欢提出一个个"是什么"的问题；3岁以后进入第二个好问期，这时的问题往往以"为什么"为主；4～5岁正处于好奇、好问的关键年龄，不仅提出的问题多，而且问题的内容涉及面广，家政服务员应该正确对待他们的提问，保护他们的好奇心。

（5）要认真倾听婴幼儿说话，婴幼儿讲话时不要轻易打断，不要不假思索地做出某种结论性评价或简单地应付。因为它传给婴幼儿的是一种消极、漠视的信息，实质是反对、阻止婴幼儿说话。长此下去很容易挫伤婴幼儿的自尊心，遏制婴幼儿说话的积极性。婴幼儿若长期生活在紧张压抑的语言环境中，就可能会口吃或变成不愿开口说话的"小哑巴"。和婴幼儿谈话时最好能蹲下来，让他感觉到尊重和平等。如果遇到婴幼儿用词、用句、发音有误或表达不流畅，不要发脾气、训斥、讥讽、嘲笑，应耐心等待，鼓励他把话说完，对婴幼儿一定要有耐心和爱心。

三、注意事项

1. 语言训练要符合婴幼儿的年龄特点。

2. 不可以操之过急、训斥甚至辱骂婴幼儿。

3. 家政服务员要用普通话，说话语音、语调清晰。

技能要求

训练婴幼儿的语言能力、想象力、认知力

一、技能目标

通过做下雪了游戏，训练婴幼儿的语言能力、想象力、认知力。

二、训练方法

家政服务员对孩子说"今天，阿姨给你请来一位小客人，看是谁"，随后出示小熊木偶，让孩子说出小客人的名字"小熊"。

家政服务员对孩子说"小熊昨天晚上睡觉时，做了一个梦，让我们一起来听听，它梦见了什么"。

家政服务员扮演小熊，说"我梦见昨晚下雪了"，在利用木偶玩具讲故事的同时，也可准备一些彩色雪花（用彩色纸剪成）。

家政服务员提问"这是什么颜色的雪花"。孩子回答"白雪花"。家政服务员提问"它们合在一起是什么颜色"。孩子回答"五颜六色"。

通过故事情节和道具提高孩子的词汇量，如"五颜六色""雪花飞舞"等，并能流畅地讲述出来。家政服务员讲故事时，面部表情要丰富。可先讲上半句或上句，让孩子补充后半句或下句的内容。

识字：雪花、白色等（3 岁左右、孩子可以练习识字）。

三、注意事项

1. 注意语音、语调清楚，语速缓慢，口形夸大，表情丰富。

2. 家政服务员与全家人用普通话教孩子说话，不要用方言，更不应说粗话，从小培养语言美，使孩子懂得谈吐优雅。

3. 要按规律培养教育，使孩子在提高语言能力的同时，也获得心理上的满足。

4. 应结合日常生活实际，多教孩子一些物体名称，多用一些形容词来表述事物的特性，并纠正孩子的错误认识，反复强化，加深孩子的记忆。

5. 五颜六色的雪花会混淆孩子的认知，可以用单纯的白色，大一点的孩子可以用五颜六色的雪花。

学习单元4 训练婴幼儿的
生活自理能力

学习目标

能够训练婴幼儿的生活自理能力。

技能要求

技能1 训练婴幼儿自己抱水瓶喝水、抱奶瓶喝奶

随着婴幼儿的长大，逐渐地培养他们的生活自理能力。让婴幼儿在动手过程中自己动脑，促进大脑的发育，为入园入学打好基础。

一、操作准备

1. 挑选适合婴幼儿年龄的水瓶、奶瓶（婴儿适合选用双耳杯，随着年龄增长换掉双耳杯）。

2. 准备果水，如苹果水、梨水等；菜水，如小白菜水、萝卜水、芹菜水等；白开水或奶。

3. 水、奶的温度适宜（以38～40℃为宜），每顿水量是每顿奶量的1/3～1/2，量不宜过多。

4. 准备围嘴或小毛巾。

二、操作步骤

步骤1 取婴幼儿舒适的体位，如坐位、卧位、横拖抱位等，如图4—29至图4—31所示。

步骤2 将水瓶、奶瓶成45°放在婴幼儿口中，脖子下面围好围嘴或小毛巾。

步骤3 将婴幼儿的双手置于水瓶、奶瓶两侧的耳朵，让婴幼儿抱住水瓶、奶瓶。

图 4—29　婴幼儿坐位喝奶

图 4—30　婴幼儿仰卧喝奶

图 4—31　婴幼儿横拖抱位喝奶

三、注意事项

1. 家政服务员密切观察婴幼儿的情况。

2. 在婴幼儿喝水、喝奶时，家政服务员不要离开他，防止滑落及呛水、呛奶。

3. 注意水、奶的温度，防止过凉、过热。

技能 2　指导孩子洗手

一、操作准备

1. 准备适合孩子高矮的洗手池或洗脸盆。

2. 准备肥皂（洗手液）。

3. 水的温度适宜（冬季水温略高，夏季可用自来水）。

4. 准备毛巾、护手霜。

二、操作步骤（见图 4—32）

步骤 1　将孩子双手浸湿，涂肥皂（洗手液）搓洗双手，充分揉擦 30 秒左右，至泡沫能够覆盖整个手掌、手指和手指间。

步骤2　将孩子的手心、手背、手指间搓洗干净。打开水龙头，用水冲去泡沫，约冲洗20秒。

步骤3　配合儿歌，"轻轻打开水龙头，来把手儿洗，肥皂泡泡洗手心、洗手背、洗手指，一、二、三，甩三下，小手洗得真啊真干净"。洗手过程与游戏儿歌相结合，使孩子学会并喜欢洗手。

小婴儿洗手时，家政服务员应将毛巾放在温水里浸湿，然后将毛巾拧至不再往下滴水，为孩子擦洗；如孩子的手较脏，家政服务员可先将肥皂搓于手心，然后为孩子搓洗双手；孩子双手搓洗干净后，用毛巾蘸清水，将孩子手上的泡沫清洗干净。

步骤4　用毛巾擦干，冬季适时涂护手霜。

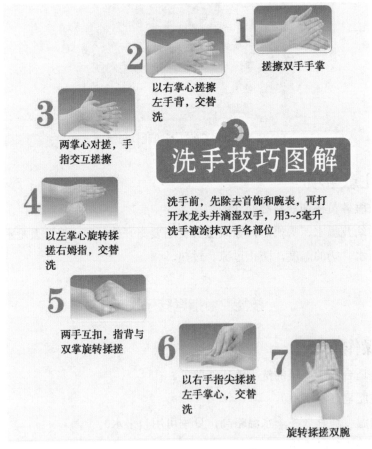

图4—32　洗手技巧图解[1]

---

[1] 使用酒精搓手液时注意运用以上相同技巧，但无须用水，把酒精搓至完全挥发便可。每次洗手的揉搓时间不少于30秒，简单又快捷。

三、注意事项

1. 家政服务员观察孩子的情况，防止肥皂沫进到眼睛、口、鼻中。
2. 刚开始，家政服务员可协助孩子，慢慢地教会孩子自己完成。
3. 如果用洗脸盆洗，一定要先放凉水，再加热水，以防止烫伤。

学习单元 5　训练婴幼儿的认知能力

学习目标

1. 掌握婴幼儿认知能力训练的方法及注意事项。
2. 能够带领婴幼儿进行认知能力的训练。

知识要求

一、婴幼儿认知训练

根据婴幼儿不同年龄段的认知水平，有针对性地培养他各个方面的认知能力。生活中随处可见的物体都是婴幼儿的学习资源。

二、认知训练的方法

1. 认识颜色

可以看图指认，也可以摆放几种颜色的卡片或水果在婴幼儿面前，然后问他哪个是红色，哪个是绿色等，让婴幼儿按指令挑出颜色。婴幼儿先从认红色开始，然后认知绿色、黄色、蓝色（可放红色、黄色、蓝色的图片）。

2. 理解数量的概念

可以教 1 岁的婴幼儿竖起一根食指表示自己 1 岁。

家政服务员先拿出一样物品，告诉婴幼儿这是 1，并和多个物品进行比较，找出哪些是多的，哪些是少的；然后再用手、口一致的方式和婴幼儿一起点数，让他真正理解数量的概念。

3. 掌握长短的概念

学会分辨木棍、笔等的长短，线条的长短及衣服的长短等。

4. 懂得基本方位和培养初步的空间意识

在日常生活中可有意识地教婴幼儿一些基本的方位概念，如上、下、里、外等。在游戏过程中，有意识地让婴幼儿把某一玩具放在什么的上面或什么的下面；把食物放在碗或杯子的里面、外面，使他初步掌握空间方位感。

5. 生活中随处可见的物体都是婴幼儿的学习资源

让婴幼儿认识哪些是他的衣服、哪些是妈妈的衣服、哪些是爸爸的衣服等。

6. 培养婴幼儿按指定方向走

在拿物品的过程中蹲、站、转、走，增强婴幼儿身体的灵活性、协调性以及平衡能力。

三、注意事项

1. 根据婴幼儿的年龄安排活动内容。
2. 活动时间不宜过长。
3. 活动时用到的各种物品要绝对安全，防止对婴幼儿造成伤害。

技能要求

技能 1 指导婴幼儿认识五官

一、操作准备

镜子、人物的图书、人物的照片。

二、操作步骤

步骤 1 让婴幼儿站在或坐在镜子前面，高矮适中。

步骤 2 指认镜子中婴幼儿的五官，对照指婴幼儿自己的五官或家政服务员的五官，同时告诉婴幼儿五官的作用。例如，嘴巴说话、吃饭、喝水，眼睛看书、看妈妈等。

步骤 3 对照镜子，让婴幼儿指认自己的五官。

三、注意事项

1. 注意安全，一次指认 1～2 种器官。
2. 照片、图书里人物的五官清晰。
3. 防止婴幼儿打碎镜子，注意安全。

技能 2　给兔宝宝盖积木小房子

一、操作准备

在游戏间或户外场地准备一些大小、形状、颜色不同的积木、小桶、小玩偶。

二、操作步骤

步骤 1　家政服务员先和孩子商量给兔宝宝盖一座小房子；然后同孩子开始玩，家政服务员说"你去拿一块红色长方形的积木"；这时孩子可以走到放积木的地方，挑一块红色长方形的积木，走过来放好。

步骤 2　家政服务员说"再拿两条绿色长方形的积木"，孩子又去按指令拿。又如去拿水桶、拿三角形木块、拿圆形木块等。

步骤 3　家政服务员根据具体情况可指示拿什么物品、拿多少、拿什么颜色等；这样孩子可以反复走、蹲、站起，辨认物体的形状、大小、颜色、数量等。

步骤 4　家政服务员同孩子一起搭盖一间"小房子"，让兔宝宝住进新房子，孩子看到自己劳动的成果，充满了成功的喜悦，有利于孩子形成优良的心理素质。积木小房子如图 4—33 所示。

图 4—33　积木小房子

步骤 5　做完游戏后，教孩子从哪儿拿的玩具放回哪儿去。

三、注意事项

1. 如果孩子拿的东西与家政服务员要求不一致，不可以训斥、辱骂孩子。

2. 游戏玩熟练后还可以增加难度，如让孩子自己设计盖个什么样的房子或增加周围的环境设施等。

3. 在行走的路段中间放根绳，迈过去（迈过小河），或者绕椅子走等。立障碍物时注意安全，防止跌倒、绊倒、摔伤。

技能3　玩纸球

一、操作准备

在游戏间或户外场地备一个纸篓或脸盆、旧报纸。

二、操作步骤

步骤1　家政服务员在孩子面前将旧报纸揉搓成团状，吸引孩子的注意力；如果孩子已经有一定的动手能力，可以请孩子一起参与揉搓报纸。

步骤2　让报纸球在地上滚动，让孩子追逐各色的球（认识颜色），激发孩子游戏的兴趣，如图4—34所示。

步骤3　与孩子一起玩"丢球、滚球、追球、捡球"的游戏。

步骤4　家政服务员示范将报纸球投入纸篓（脸盆），然后引导孩子玩"投球"的游戏。

图4—34　玩纸球

三、注意事项

1. 活动中注意安全，防止孩子摔倒、滑倒。
2. 活动后将报纸球收纳好。
3. 活动后给孩子洗手，以预防报纸污染。

第2节　照护起居

学习单元1　为婴幼儿制订日间照护计划

学习目标

1. 了解婴幼儿日间照护计划。
2. 能够制定婴幼儿日间照护方案。

婴幼儿日常生活的合理安排就是根据婴幼儿身心发展特点，从时间和顺序上对婴幼儿日常生活的主要环节进行安排。

日间照护婴幼儿

一、操作准备

1. 仔细观察婴幼儿的情绪和行为表现

一般情况下如果婴幼儿的情绪良好，饮食、睡眠正常，乐于和他人玩耍，就表明各项活动的时间安排基本合适；反之则表明对他的日常生活安排得不够合理，应适当调整。

2. 掌握周边环境和气候的特点

婴幼儿在每日生活中既要有足够的睡眠时间，又要有适量的活动时间；既要有室内的活动，又要经常去户外活动。但不同地区、不同季节、不同居住环境的婴幼儿在室内、室外活动的时间早晚与长短可能有一定的差异；如夏季婴幼儿外出晒太阳的时间就不宜安排在中午。弄清楚婴幼儿生活的周边环境和气候特点，以此确定户外活动的时间和地点等。

3. 结合婴幼儿的年龄段安排生活日程

（1）2～10个月婴幼儿一日生活安排时间表

6:00—6:30	起床，大小便，洗手，洗脸，喂奶
6:30—8:00	活动，玩游戏
8:00—10:00	喂水，第一次睡眠
10:00—10:30	喂奶（6个月后的婴幼儿加辅食）
10:30—12:00	活动，玩游戏
12:00—14:00	第二次睡眠
14:00—14:30	喂奶
14:30—16:00	外出活动
16:00—18:00	喂水，第三次睡眠
18:00—18:30	喂奶（6个月后的婴幼儿加辅食）
18:30—20:00	活动
20:00—20:30	盥洗或洗澡
20:30—21:00	喂奶

21：00至次日晨　　夜间睡眠（根据婴幼儿年龄夜间喂奶1～2次）

（2）10个月至1岁半婴幼儿一日生活安排时间表

6：00—7：00	起床，大小便，洗手，洗脸，吃早饭
7：00—9：00	玩游戏或户外活动
9：00—11：00	喝水，第一次睡眠
11：00—11：30	起床，小便，洗手，吃午饭
11：30—13：30	玩游戏，喝水
13：30—15：30	第二次睡眠
15：30—16：00	起床，小便，吃点心，户外活动，增加与其他小朋友交往
16：00—18：30	玩游戏（中间喝一次水）
18：30—19：00	洗手，吃晚饭
19：00—20：00	玩游戏
20：00—20：30	喂奶
20：30至次日晨	夜间睡眠

（3）1岁半至3岁婴幼儿一日生活安排时间表

6：30—7：30	起床，大小便，洗手，洗脸，刷牙
7：30—8：00	吃早饭
8：00—9：00	玩游戏
9：00—11：00	喝水，小便，户外活动，与其他小朋友一起玩游戏
11：00—11：30	洗手，吃午饭
11：30—14：30	午睡
14：30—15：00	起床，小便，洗手，吃点心，户外活动
15：00—18：00	玩游戏（中间喝一次水或吃一次水果）
18：00—18：30	洗手，吃晚饭
18：30—19：30	玩游戏
19：30—20：00	盥洗，小便
20：00—20：30	喂奶
20：30至次日晨	夜间睡眠

二、注意事项

1. 纯母乳喂养的婴幼儿一般不需要喂水；人工喂养的婴幼儿两次喂奶之间喂水一次，以温白开水为宜。

2. 5个月以前的婴幼儿夜间睡眠时根据需要可喂奶1～2次，6个月后逐渐养成夜间不喂奶的习惯。

3. 本表只提供了一般婴幼儿的生活安排内容，家政服务员应根据不同婴幼儿的特殊需要和其家庭习惯对本表进行适当调整，以期获得最佳的效果。

学习单元2　带领婴幼儿进行计划免疫

学习目标

1. 了解计划免疫程序与要求。
2. 掌握婴幼儿预防接种后的反应及注意事项。

知识要求

一、计划免疫

计划免疫是将生物制品注射到人体内，使人产生对疾病的抵抗力，以达到预防疾病的目的。计划免疫也称为预防接种。当细菌、病毒侵入人体时，身体会产生一种抵抗这种细菌、病毒的物质，叫作抗体。病好后，这种特异性抗体仍然存留在体内，如再有这种细菌、病毒侵入人体，人就有抵抗力而不再得此病。

新生儿出生后，随着从母体带来的抗体逐渐减少，对外来致病性微生物侵袭的防御力逐渐变差，非常容易受细菌、病毒等致病性微生物侵袭，有计划地接种各类疫苗，能使人体产生抵抗相应疾病的抗体，又因为疫苗减低了毒性，不会使人得病，这样就能达到预防疾病的目的。

二、计划免疫程序表

新生儿出生以后，需按不同年龄进行有计划的预防接种。在我国预防接种可分为免费预防接种和自费预防接种两大类。

计划免疫程序表见表4—1。

表4—1　　　　　　　　　　　　　　计划免疫程序表

接种年龄	乙肝疫苗	卡介苗	脊灰疫苗		无细胞百白破疫苗	麻风疫苗	麻疹疫苗	麻腮风疫苗	乙脑减毒活疫苗	甲肝疫苗	流脑疫苗
			灭活	减毒							
出生	√	√									
1月龄	√										
2月龄			√	√							
3月龄			√	√	√						
4月龄			√	√	√						
5月龄					√						
6月龄	√										√
8月龄						√					
9月龄											√
1岁									√		
18月龄			√		√			√		√	
2岁									√	√	
3岁											√（A+C）
4岁				√							
6岁					√			√			
小学四年级											√（A+C）
初中一年级	√										
初中三年级				√							

以上表内疫苗称为一类疫苗（免费疫苗），我国儿童无论出生在城市还是农村，无论在南方还是北方，无论有没有居住地户口，均应在居住地段的社区卫生服务中心

（或规定的接种点）建立预防接种证。婴幼儿随家长迁移时凭证均可接种疫苗。除少数民族地区、边远地区外，儿童基础免疫均应在 12 月龄内完成，因此绝大部分地区的计划免疫程序应该说是一样的。

有些疫苗的接种时间与当地发病季节有关，比如流脑、乙脑、流感在南方和北方有明显的流行病学差异。疫苗接种后一般一个月左右就可以有足够的抗体产生，所以接种时间往往定在可能流行的前 1～2 个月。

只有严格按照合理程序接种，才能充分发挥疫苗的免疫效果，才能使整个人群维持高度免疫水平。才能建立免疫屏障，才能有效控制相应传染病的流行；同时减少副作用，减少疫苗浪费。因此要按当地程序接种疫苗。

三、自费预防接种的疫苗

自费预防接种的疫苗有水痘疫苗、HIB（B 型嗜血流感杆菌）、23 价肺炎球菌多糖疫苗、七价肺炎球菌结合疫苗、出血热疫苗、口服轮状病毒疫苗、五联疫苗（脊灰、百白破、HIB）、霍乱疫苗等。

随着科技进步会有更多的疫苗问世，造福人类。这些疫苗均有很好的免疫原性，工艺先进，制作精良，副作用小，能让婴幼儿少得很多疾病，唯一要掂酌的是所带来的经济负担家庭能否承受。只要经济条件允许，婴幼儿没有接种禁忌证，就应选择接种。因为这些疫苗的人群接种率未达 80%，很难靠人群免疫屏障保护自己，只能靠自己接种来避免得病。至于何时接种哪一类疫苗，请家长听保健医生的安排。

四、预防接种后的注意事项

婴幼儿接种疫苗后有时会发生一些反应，这是由于疫苗虽经灭活或减毒处理，但毕竟是一种蛋白或具抗原性的其他物质，对人体仍有一定的刺激作用而引起的。这也是人体的一种自我保护，就像感冒发热一样，是机体在抵御细菌或病毒。

1. 正常反应

（1）接种疫苗后的局部反应，如轻度肿胀和疼痛。百白破疫苗接种后接种部位出现硬结就是常见的现象。

（2）接种疫苗后的全身反应包括发热和周身不适，一般发热在 38.5℃以下，持续 1～2 天均属正常反应。无论局部还是全身的正常反应一般不需要特殊处理，多喂水并注意休息即可。如遇到高热可服用退烧药并注意家庭护理，比如可以做物理降温，给婴幼儿吃些富有营养又好消化的食物，多喂水，并要注意观察婴幼儿的病情变化。因为有时会赶上接种疫苗刚好和其他病偶合的情况，只有仔细观察和分析才可鉴别，万万不可以看到接种后发热就只想到接种反应，这样往往会遗漏了原发病，造成误诊。

2. 婴幼儿做预防接种前、后的注意事项

（1）注射当天让婴幼儿吃饱、吃好（年长儿做好宣教）。

（2）预防注射当天不要洗澡。

（3）口服糖丸前、后半小时内不要给婴幼儿喝奶、喝水、吃任何东西。

（4）预防注射后多给婴幼儿喝水。

（5）注射后不要做剧烈运动。

（6）密切观察婴幼儿的精神状态及全身反应，有问题及时咨询保健医生。

五、计划免疫中常见的问题及处理

1. 严格按照免疫程序的规定，掌握预防接种的剂量、次数、间隔时间和不同疫苗的联合免疫方案。

2. 正确掌握禁忌证，一般禁忌证包括急性传染病的潜伏期、前驱期、发病期及恢复期，发热或患严重的慢性疾病；如心脏病、肝脏病、肾脏病、活动性结核病、化脓性皮肤病、免疫缺陷病或过敏性体质（如反复发作的支气管哮喘、荨麻疹、血小板减少性紫癜等），有癫痫或惊厥史等。特殊禁忌证指适用于某种疫苗使用的禁忌证，更应严格掌握。

3. 预防接种的反应及其处理

（1）局部反应

局部反应指一般在接种疫苗后24小时左右局部发生红、肿、热、痛等现象，无需过多处理；但要密切观察，发生变化时立即就医。

（2）全身反应

全身反应主要表现为发热，还可有恶心、呕吐、腹痛、腹泻等症状，一般无需进行特殊处理；全身反应严重者，可以对症治疗，如使用退热剂等。

（3）异常反应

异常反应一般少见，主要是晕厥，多发生在空腹、精神紧张状态中进行注射者。此时应让婴幼儿立即平卧，保持安静，可以给热开水或热糖水喝，一般不需施用药物，在短时间内即可恢复正常。严重者可皮下注射 1∶1 000 肾上腺素，每次 0.01～0.03 毫升／千克。经过处置后，在 3～5 分钟内仍不见好转者，应立即送附近医疗单位抢救治疗。

学习单元 3　及时报告婴幼儿异常情况

学习目标

1. 了解婴幼儿生长过程中的发育状况和特点。
2. 能及时发现婴幼儿生长过程中的异常情况并掌握处置方法。

知识要求

一、婴幼儿生长过程中的发育状况和特点

婴幼儿期由于机体抵抗力、免疫功能较差，极易患病。同时，由于婴幼儿的自我保护能力差，也极易受到伤害。因此，早期预防、发现孩子的异常情况，并予以积极处置非常重要。要想能够及时发现婴幼儿的异常情况并进行处置，家政服务员就必须拥有高度的责任心、耐心和爱心，密切注意婴幼儿的哭声、面色、食欲、睡眠、呼吸及大小便等情况，发现异常情况后，要密切观察，如果病情加重就要及时就医，以免贻误病情。

二、及时发现婴幼儿的异常情况与处置方法

1. 啼哭

婴幼儿用啼哭表示他的需求，孩子饿了、渴了、热了、冷了等得不到满足，又无法以语言进行表述时，都会以哭来表示。正常情况下婴幼儿的哭声是清脆、响亮、悦耳的，当其愿望获得满足时就会破涕为笑。婴儿哭声洪亮，哭叫的同时头会来回转动，嘴会不停地寻找，并做出吸吮动作时，表示婴幼儿饥饿了。如果婴幼儿哭得满脸通红或面色苍白而脸颊特别红，手、脚冰凉，满头是汗，一摸身上也是湿湿的，则表明其热了，可以马上为婴幼儿测量体温。

若婴幼儿哭声不停，给人以尖叫感或沉闷感；给他吃奶、喝水、吃糖、哄逗后仍是啼哭不止；给他玩平时爱玩的玩具、爱吃的东西，也不能使其平静，情绪一反往常；则说明婴幼儿已发生异常或不适，家政服务员应该密切观察，并将情况报告婴幼儿的

父母或亲人，必要时应立即就医。

2. 精神状态

健康的婴幼儿均具有好动的习惯，且精神饱满，当他吃饱时便会手舞足蹈，会学着与你说话。若婴幼儿一旦有表情淡漠、不喜言笑、不爱睁眼睛、吃饱后逗他反应迟缓或无反应等精神不振的表现；家政服务员便要提高警惕，且要密切观察；并将情况报告婴幼儿的父母或亲人，但最好还是立即就医。

3. 食欲

婴幼儿平时进食很有规律，如果突然出现食欲不振、少食拒奶、呕吐，突然改变原有的饮食习惯或饮食兴趣；并伴有哭闹，给他吃奶他也予以拒绝，过一会再给他吃仍然拒绝或吃得很少；给他平时很爱吃的东西也还是拒绝，这可能是婴幼儿已患病但尚未表现出明显的症状；应密切观察，且要将情况报告婴幼儿的父母或亲人，必要时就医。

4. 睡眠

婴幼儿的睡眠时间远比成人要多得多，且睡觉时均较熟。婴幼儿年龄越小，睡眠时间越长；初生婴儿每日需睡20小时以上，12个月至2岁的婴幼儿每日需睡15～16小时；3岁至6岁的婴幼儿每日需睡12～14小时。如果家政服务员发现婴幼儿睡眠时间减少，夜间睡得不安稳，经常翻身且容易惊醒、嗜睡、无精打采或烦躁哭闹；如没有引起他不睡觉的因素，家政服务员就应该密切观察，看是否有潜在的疾病存在或缺乏钙、铁和锌等元素；且要将情况报告婴幼儿的父母或亲人，必要时应就医。

5. 便溺

平时婴幼儿小便较多，颜色淡黄而透明。若婴幼儿小便次数减少且便量也减少，且颜色发黄、尿液浑浊，说明婴幼儿可能已在发热或饮水量不足。一般情况下婴幼儿每日大便1～3次；如果婴幼儿平常大便很有规律，出现大便次数减少、干燥甚至几天没有大便；出现便秘或大便次数明显增多，且有黏液相混或大便异常，如蛋花汤样大便、绿色稀便、水样便、黏液或脓血便、深棕色泡沫状便、油性大便；则说明婴幼儿可能已在生病，应立即将情况报告婴幼儿的父母或亲人，并请医生诊治。

6. 呼吸

一般情况下婴幼儿的呼吸都较为均匀而平静，正常婴幼儿每分钟呼吸40次左右，儿童每分钟呼吸30次左右。若婴幼儿呼出的气很热，并有臭味、舌苔厚重、黄腻，或婴幼儿出现呼吸急促、表浅、呼吸深重或困难、心率加快、面色青紫、口唇发紫、手脚冰凉；多表明婴幼儿在发热或患有其他呼吸系统或心血管系统疾病，或有呼吸道异物；在密切观察的同时要立即将情况报告婴幼儿的父母或亲人，且应立即就医。

三、注意事项

1. 要认真观察婴幼儿的情况，出现问题做到早发现、早诊治。

2. 婴幼儿患病具有起病急、变化快的特点；发现问题应及早告知婴幼儿的父母或亲人。

3. 不可以随便给婴幼儿用药，要遵医嘱用药。

学习单元 4　遵医嘱照护患常见病的婴幼儿

1. 了解婴幼儿湿疹、肺炎等常见病的特点。

2. 掌握婴幼儿湿疹、肺炎等常见病的护理方法。

3. 能够护理患湿疹、肺炎的婴幼儿。

一、婴幼儿湿疹（见图 4—35 至图 4—38）

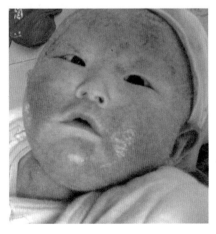

图 4—35　面部湿疹特点

图 4—36　胸部湿疹特点

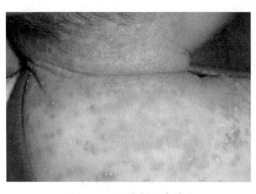
图4—37　颈背部湿疹特点

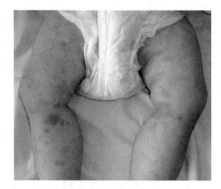
图4—38　腿部湿疹特点

1. 发病原因

湿疹是婴幼儿极其常见的疾病之一，婴幼儿湿疹是指3岁以下孩子的湿疹，俗称奶癣。婴幼儿湿疹的发病原因较复杂，新生儿时期常因受母体孕激素的影响而发生脂溢性湿疹；也就是人们常说的"胎毒"或"湿毒"。另外，强光、过冷、过热、过敏、营养不良、腹泻、消化不良、海产品、牛羊肉、牛羊奶等都可能诱发湿疹。

根据湿疹表现不同可分为三个类型：①渗出型，又称湿型，以渗出为主，发生糜烂；②干型，以糠皮样脱屑为主；③脂溢型，渗出物像油一样，痒感不太重。

湿疹通常可分为急性和慢性两种，急性阶段以丘疱疹为主，慢性阶段表皮肥厚。湿疹一般都痒，而且多数为阵发性，尤其在晚上最厉害。对皮肤造成多形性损害。

2. 症状与体征

（1）婴幼儿湿疹多发生在头部、面部、眉间和耳部。

（2）婴幼儿湿疹呈小米粒状，为红色的小疙瘩，密集成群，周边有黄色、半透明的渗出液。

（3）双眉之间、头部、耳部渗出液较多且结痂，有时无渗出结痂，多表现为小血疹。

（4）大腿根部、会阴部、腋下的湿疹因摩擦会使皮肤发红、肿胀、糜烂，露出鲜红而潮湿的小嫩肉，如不注意护理极易感染。

（5）湿疹多两侧对称分布，时轻时重，反复发作，一般不发烧，患儿多因剧痒而烦躁不安，夜间哭闹，影响睡眠。由于湿疹的病变在表皮，愈后不留疤痕。

3. 护理

（1）居室要通风、清洁，北方寒冷的冬季保证室内湿度很重要，过湿、过热都会引发湿疹，如果家中是火炕，把孩子放在炕尾。

穿着方面，一年四季均以穿着纯棉衣物为宜，床上用品也不要用化纤、羽毛、人造纤维、毛皮等材质。玩耍时尽量避免接触花草、动物的皮毛、纯羊毛制品，不宜养宠物。

给孩子洗澡时，水温要低些，以 36～38℃ 为宜，清洗剂以弱酸性为宜，可减少洗浴的次数。涂药时，要避免着凉感冒，动作要轻快，保持卧位。药物将衣服污染后，衣服变硬，因此要勤换衣服和床单。

（2）寻找发病原因，饮食有节是防治婴幼儿湿疹的必要措施。密切监测添加辅食时容易引起过敏的食物，添加一种；吃 3～5 天观察不过敏，再添加另一种。喂养时不要喂得过饱，怀疑是食物引起疾病的婴幼儿，可以记录食物日记，以找出可疑的诱发过敏反应的食物。

（3）患湿疹的婴幼儿要求平时忌饮食，婴幼儿湿疹致敏食物主要有牛奶、鱼。可将牛奶多煮，使牛奶中的酪蛋白破坏，以减轻致敏性，病情较重者应改为代乳粉喂养。过敏性食物可通过母乳传给婴儿，授乳妇女应忌食辛辣刺激性食物，忌食海鲜等。

（4）婴幼儿湿疹一定要避免刺激，患处不要用肥皂洗，可用棉花蘸花生油或石蜡油擦洗。婴幼儿皮肤瘙痒严重时，要注意适当约束四肢，以防搔抓皮肤，引起皮损出血、感染。为防止小儿搔抓患处继发感染，可给小儿做小手套，套在手上，睡觉时也可用软布把两手系在床上。做布手套时，布手套内一定不要遗留线头，以免线头绕在手指上，造成指头血液循环障碍，引起手指缺血坏死；或用硬纸和绷带把肘关节固定起来。搔抓后可发生脓疱、疖肿、脓肿等继发感染，使病情加重。

（5）坚持合理用药，冬季用润肤膏，春季用润肤霜，夏季用润肤露，洗浴后涂些润肤霜可起到保湿作用。

二、婴幼儿肺炎

肺炎为婴幼儿的常见病，北方以寒冷干燥的冬季发病率最高，因为这时不但病毒比较活跃，而且孩子的呼吸道抵抗力比较低。3 岁以内的婴幼儿患肺炎的较多，婴幼儿肺炎可由病毒或细菌引起，多由上呼吸道感染或急性支气管炎向下蔓延所致。得肺炎的婴幼儿病情轻重差别较大，轻症可以在家治疗护理，重症必须住院治疗。

1. 婴幼儿容易得肺炎的原因

婴幼儿容易得肺炎，因为婴幼儿的气管、支气管管腔狭窄，纤毛运动差，易被黏液阻塞；婴幼儿肺发育未完善，肺泡数量少、含气量少，肺血管丰富且容易充血；再加上婴幼儿全身免疫功能低下，所以婴幼儿在呼吸道感染后，很容易下行蔓延，发生肺炎。尤其是患有营养不良、贫血、佝偻病的婴幼儿更为多见。

2. 婴幼儿肺炎的特点

婴幼儿肺炎好发于冬、春季节，多由细菌或病毒引起。由于婴幼儿咽喉部淋巴组织发育不够完善，气管腔狭窄，管壁上的纤毛运动能力差；一旦患呼吸道感染和气管炎时，痰液不易排出，婴幼儿就极易患支气管肺炎。

3．婴幼儿肺炎的症状与体征

婴幼儿肺炎起病急，初起似感冒。表现出咳嗽、发热、流涕等，随之咳嗽加重，时有痰鸣、气急、呼吸急促、鼻翼扇动等。严重时喘憋明显加重，口唇青紫，甚至有抽搐、昏迷等症状。小婴儿表现为拒乳、鼻扇。

4．婴幼儿肺炎护理

患肺炎婴幼儿的居室要保持空气新鲜、阳光充足、室温适宜，室温最好维持在20～24℃。每日上午10点、下午3点至少开窗通风两次，每次15～30分钟。开窗时要关门，避免对流风，如有气窗可经常开一个小口，在病儿居室内不要吸烟。家庭选用加湿器或冬天在暖气片上放置一些湿布；或在火炉上放置水壶，敞开壶盖，以便水汽蒸发；或者用湿墩布勤拖地；或在地面洒水，以保持室内适宜的湿度，防止干燥空气吸入气管，痰液不易咳出。

（1）一般护理

患肺炎的婴幼儿穿衣盖被均不宜太厚，过热会使孩子发躁而诱发气喘，加重呼吸困难。安静时可平卧，如有气喘，可用枕头将背部垫高，使其呈半躺半卧位，以利于呼吸。每日早晚，用棉棍蘸温开水清洁鼻腔，用温水洗净脸、手、脚及臀部。

（2）饮食的选择

在奶里加入适量的米粉，使奶变稠。喂这样的稠奶，可减少患肺炎的婴幼儿呛奶。喂奶时可选用小孔奶嘴，每吃3～4口奶拔出奶嘴，让婴幼儿休息一会儿再喂。或用小勺慢慢喂入，若发生呛奶，要立即清洁鼻腔内的奶液。1岁以上的婴幼儿可吃粥、面片、鸡蛋羹等易消化、富有营养的食物，不要吃甜腻的食物，以免消化不良、腹泻。患病后婴幼儿吃奶、喝水减少，加之发热和气喘，均会增加身体水分消耗，因此应注意勤给婴幼儿喂水。

（3）冷空气疗法

婴幼儿喘憋严重时，将婴幼儿的衣服穿好，戴好帽子，露出口鼻。将窗户打开，抱婴幼儿坐在窗前，让婴幼儿呼吸新鲜的冷空气，婴幼儿若能安静入睡，每日可进行两次冷空气吸入，每次30分钟。但要防止对流风直接吹到孩子。

（4）预防上呼吸道感染

婴幼儿肺炎是呼吸道的疾病，预防上呼吸道感染是预防肺炎的主要措施。平时要注意增强婴幼儿的体质，给予足够的营养，经常晒太阳、空气浴，进行户外活动，加强锻炼。如果婴幼儿整天被关在门窗紧闭的居室内，对外界空气的适应能力就会很差。

（5）注射肺炎疫苗

各社区卫生服务中心均可注射肺炎疫苗，详情咨询医生。

第5章
照护病人

第1节　照护病人生活

学习单元1　制作病人膳食

能为病人制作 9 种以上常规膳食。

技能要求

技能1　蒸制红枣豆沙包

一、操作准备

普通面粉 500 克，牛奶 300 克，油 15 克，白糖 15 克，干酵母 5 克，红小豆 250 克，红枣 250 克。

二、操作步骤

步骤 1　红小豆用水泡发 12 小时左右。

步骤2 将红枣用水冲洗干净，加水泡半小时。

步骤3 把泡好的红小豆，放锅中，加水煮至吃起来面面的捞出来。

步骤4 把红枣放入煮红小豆的水中煮 10 分钟。

步骤5 把红小豆用勺子压成豆沙。

步骤6 把煮好的枣捞到豆沙里，把枣和豆沙拌匀，馅料就做好了。（喜欢吃甜味的可以放一些红糖。枣本身有甜味，吃起来口感也不错，如果家中有糖尿病的老人，最好不要再加糖了）

步骤7 将面粉加酵母粉、水和好，发至两倍大。（冬天发面不容易发开，可以前一晚上把面和好，第二天包）

步骤8 将拌好的豆沙馅，用手揉成一个个球状。（这样包的时候，就可以节约很多时间）

步骤9 将面揉匀，揉成长条状，用手揪成一个个剂子，大小跟刚才团好的豆沙球一般大即可。

步骤10 把剂子用手揉光滑，用擀面杖擀成中间厚，边缘薄的圆形剂子。

步骤11 将擀好的剂子放在手心，拿一个豆沙馅球放在剂子中间。

步骤12 另一只手捏褶，褶子捏一圈，将豆沙包封好口倒扣在案板上，用双手搓圆，一个豆沙包就做好了。

步骤13 依次做完所有的豆沙包，放在暖和的地方饧 15 分钟。

步骤14 蒸锅中放水烧开，把篦子上铺上湿布，把豆沙包依次放上去；包子生坯中间要留一定间隙，否则蒸的过程面团膨胀会粘在一起。

步骤15 大火蒸 20 分钟，红枣豆沙包就做好了。

三、注意事项

1. 将和好面的面盆放到蒸帘上发酵时，一定要掌握好蒸锅内的水温，锅内的水烫手即可，千万不要煮沸。

2. 豆沙包蒸好，关火后要立即取下锅盖，以免蒸馏水流到豆沙包上。

技能 2　制作羊肉炒面片（见图 5-1）

图 5-1　羊肉炒面片

一、操作准备

主料准备：面粉 300 克，羊肉 150 克。

辅料准备：油 200 毫升，盐 5 克，糖 10 克，酱油 10 毫升，蚝油 10 毫升，番茄酱 20 克，番茄 1 个，香芹 30 克，蒜苗 20 克，蒜 10 克，椰菜 200 克，洋葱 60 克。

二、操作步骤

步骤 1　先和面，面和好后饧 10 分钟，如图 5-2 所示。

步骤 2　将面团搓成条，切成小剂子，如图 5-3 所示；放入油里浸泡，如图 5-4 所示。

图 5-2　和面团

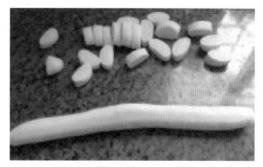

图 5-3　搓条、切小剂子

步骤 3　趁这个时间，把配菜准备一下，如图 5-5 所示。

步骤 4　取一个小面剂子，用手两头捋，把它捋直、捋薄，如图 5-6 所示；放入开水中，如图 5-7 所示。

图 5-4　小剂子放油里浸泡

图 5-5　加工配料

图 5-6　抻面片

图 5-7　面片放开水里

步骤 5　从开水中捞出面片过凉水，沥干水备用，如图 5-8 所示。

步骤 6　烧热锅，把羊肉放入煸炒，如图 5-9 所示。

图 5-8　过凉水沥干

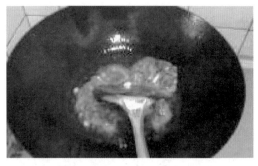

图 5-9　炒羊肉

步骤 7　羊肉炒至 6 分熟，放入椰菜与洋葱翻炒至熟，如图 5-10 所示。

步骤 8　放入香芹段与番茄翻炒至断生，如图 5-11 所示。

步骤 9　加入适量的盐，糖，番茄酱等调味料，如图 5-12 所示。

步骤 10　放入过凉的面片翻炒，如图 5-13 所示。

步骤 11　炒匀后，把蒜苗段放入锅内翻炒，如图 5-14 所示。

步骤 12　炒匀，然后可以出锅。如图 5-15 所示。

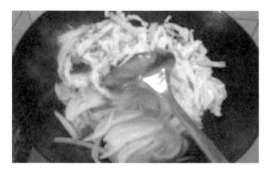

图 5-10　炒椰菜与洋葱

图 5-11　加入香芹段与番茄翻炒

图 5-12　加入调味料

图 5-13　放入面片

图 5-14　炒蒜苗段

图 5-15　羊肉炒面片成品

三、注意事项

1. 面可以和得稍稍软一点，和面的时候放入少许盐。
2. 抒面片时要保持面片薄厚均匀。

技能 3　制作红烧肉

一、操作准备

小葱 3 棵、五花肉 500 克、红糖 10 克、干山楂片 5 片。

二、操作步骤

步骤 1　将小葱的葱白、葱绿分开，葱白切段，葱绿切末，红糖用刀拍成小碎块。

步骤 2　锅中加入适量的水烧开，将五花肉和葱白一起下入，焯 5 分钟后捞出，洗干净锅。

步骤 3　将沥干水的五花肉倒入干净的锅里，小火煎（不放油）。

步骤 4　煎至肉表面有些焦黄，并渗出一些油时，下入红糖块，翻炒均匀。

步骤 5　用小火慢炒至红糖块融化，其间要不断翻炒，一是避免红糖粘锅，二是使糖汁更好地粘裹在肉块上。

步骤 6　倒入适量的开水，水量没过肉即可，下入干山楂片，小火煮 30 分钟左右。

步骤 7　30 分钟后，转至大火或是中火，加一勺老抽、适量的盐，不停地翻炒，使汤汁包裹到每块肉上。

步骤 8　撒上葱花即可盛出食用。

三、注意事项

1. 小火煎肉时，一定不能放油。
2. 煎五花肉时，如果渗出的油较多，要及时盛出，避免做出的肉过于油腻。

技能 4　制作酸辣土豆丝

一、操作准备

土豆 400 克、青椒 1 个、花椒 10 粒、红干椒 3 个、大蒜 3 瓣、白醋 20 毫升、盐 5 克、鸡精 2 克。

二、操作步骤

步骤 1　土豆去皮后切丝，泡入冷水中。

步骤 2　青椒切丝备用，蒜切成碎末。

步骤 3　锅中放入油，倒入花椒，炸出香味后取出花椒。

步骤 4　放入红干椒、大蒜末，爆香后倒入土豆丝，加点水，防止粘锅。

步骤 5　倒入青椒丝，再倒入白醋，加入适量的盐、调味品，翻炒后即可出锅食用。

三、注意事项

掌握火候，避免时间过长使土豆丝的新鲜口感丧失。

技能 5　蒸鸡蛋羹

一、操作准备

鸡蛋 1 个、温开水适量、盐 3 克。

二、操作步骤

步骤 1　洗干净鸡蛋，准备好和鸡蛋等量的温开水。

步骤 2　蒸锅中倒入水，烧开。

步骤 3　鸡蛋磕入碗中，加入少量盐，加入温开水，打散后用滤网过滤一遍，滤去浮沫。

步骤 4　在碗上面蒙一层保鲜膜，用牙签在保鲜膜上戳几个小洞，放入已烧开水的蒸锅中，蒸 7～8 分钟即可取出，晾至温度适中时食用。

三、注意事项

1. 加入鸡蛋中的水一定要是温开水。
2. 要想鸡蛋羹细腻平滑，必须先过滤蛋液，滤去浮沫。

技能 6　制作皮蛋瘦肉粥

一、操作准备

大米 150 克、瘦肉 90 克、盐 3 克、鸡精 2 克、料酒 10 毫升、淀粉 5 克、皮蛋 2 个、香油 5 毫升、水适量。

二、操作步骤

步骤 1　将大米淘洗干净，放入水中浸泡 30 分钟。

步骤 2　将浸泡后的大米再次清洗，沥去水后倒入锅中，加入适量的水，水量约为平常煮饭时的两倍，盖好锅盖开始煮。

步骤3 浸泡瘦肉，沥去血水，冲洗干净切成肉丝放入碗内，再放入适量的盐、鸡精、料酒、淀粉，抓拌均匀后腌制10分钟。

步骤4 皮蛋剥皮，切成小丁。

步骤5 粥开锅后，将锅盖移开一条缝隙，避免扑锅，煮10分钟左右，移开锅盖，用勺子不时搅动。

步骤6 另起一锅，加入少量水，煮开后将肉丝下入，用筷子将肉丝打散，煮至全部颜色变浅捞出，用温水冲洗去浮沫，沥去水。

步骤7 粥煮到米完全熟透后放入肉丝、皮蛋，加入适量的盐、鸡精，再煮1分钟左右，用勺子不断搅动，加入适量的香油，搅拌均匀后即可盛出食用。

三、注意事项

1. 瘦肉提前用调料腌制一下，做出来的粥口感会更好。

2. 煮到粥水渐浓时，一定要用勺不断搅动，这样可以避免粥粘到锅底上。

3. 煮肉丝的时间要短，肉色全部变白立即捞出，如果时间较长，肉就会煮老，影响口感。

技能7 制作红枣山药排骨汤

一、操作准备

排骨200克、山药150克、葱5克、姜5克、红枣3颗、盐3克、鸡精2克。

二、操作步骤

步骤1 排骨剁小块，洗干净；山药去皮，斜切成小块，泡水备用。

步骤2 锅内放入少量水烧开，将排骨放入，煮至颜色变白立即捞出，温水冲洗，除去浮沫，沥去水。

步骤3 另起一锅，锅内放适量水烧开，放入排骨、葱段、姜，煮30分钟后加入山药、红枣，再放入适量的盐、调味品。

步骤4 盖锅，再煮10分钟后即可食用。

三、注意事项

1. 煮排骨时要把握好时间，煮到肉色全部变白立即捞出，如果时间较长，肉就会煮老，影响口感。

2. 如果排骨是提前腌制过的，那么再次放盐、调味品时一定要注意用量。

学习单元 2　制作管灌膳食

学习目标

1. 掌握管灌膳食营养搭配与制作方法。
2. 能为病人制作管灌膳食。

知识要求

一、管灌膳食

1. 管灌膳食的定义

管灌膳食是将食物注入喂食管内，经由鼻至胃、鼻至十二指肠、鼻至空肠或是食道口、胃造口、空肠造口等途径，为病人提供营养的流质饮食，主要用于无法经口进食的病人食用，常用的有鼻饲法进食。

2. 适用对象

（1）严重外伤、灼伤导致无法经口摄食或摄食不足的病人。

（2）癌症晚期的病人。

（3）中风昏迷不醒或意识不清者。

（4）神经性厌食的病人。

（5）口腔或头颈部的疾病造成不能咀嚼或吞咽的病人，如口腔癌、下颚骨折、食道癌、食道狭窄及食道切除等。

（6）消化道外科手术病人，腹部尚存引流管，需经胃造口或空肠造口喂食者，以管灌膳食作为正常饮食前的过渡饮食。

3. 管灌膳食营养搭配要求

（1）混合奶

牛奶 500 毫升、蛋黄 1 个、白糖 5 克、食用油 5 克、食盐 1 克，必要时可加入瘦肉、猪肝、大米、胡萝卜、青菜等。

（2）要素饮食（又叫元素饮食）

一种化学精制食物，含有人体所需、易于吸收的全部营养成分，包括游离氨基酸、单糖、主要脂肪酸、维生素、无机盐和微量元素等。

二、管灌膳食的制作

1. 用物准备

准备牛奶 500 毫升、蛋黄 1 个、白糖 5 克、食用油 5 克、食盐 1 克、要素饮食（按说明比例添加）。

2. 操作步骤

（1）将鸡蛋（如添加瘦肉、猪肝、菜等，则做相同处理）煮熟，然后用榨汁机将煮好的食物搅打成较稠且均匀的液体状食物，过滤去渣后同其他成分一起搅碎，再次过滤去渣。

（2）按医嘱要求量鼻饲喂食。

（3）整理归纳用物。

3. 注意事项

每次制作管灌膳食的量不能过大，最好现吃现做，因管灌膳食很容易滋生细菌，常温只能保存 30 分钟，如有剩余，必须放入冰箱冷藏，在 24 小时之内用完。

学习单元 3 指导病人健康生活

学习目标

1. 了解健康生活方式。
2. 能指导病人养成健康的生活方式。

知识要求

健康的生活方式是指有益于健康的习惯和行为方式。主要表现为健康饮食、适量运动、不吸烟、少饮酒、保持心理平衡、有充足的睡眠、讲究日常卫生、合理用药等。

健康的生活方式可以抵御传染性疾病，更是预防和控制心脑血管疾病、恶性肿瘤、呼吸系统疾病、糖尿病等慢性疾病的基础。而不健康的生活方式不仅会导致慢性疾病的发生，而且会加剧慢性病病人的病情和影响治疗的效果，给健康带来严重危害。

一、合理膳食

1. 每天选择食物的品种越多越好

（1）食物可分为五大类

1）谷类及薯类。谷类如米、面、谷物杂粮等，薯类如马铃薯、红薯等。

2）动物性食物。如肉、禽、鱼、奶、蛋类食物。

3）豆类和坚果类。如大豆、花生、杏仁等。

4）水果、蔬菜和菌类。

5）油脂等纯能量类食物。如动植物油、淀粉、食用糖等。

任何一种天然食物都不能满足人体所需要的全部营养，所以，平衡膳食必须由多种食物组成，才能满足人体的各种营养需求，达到合理营养、促进健康的目的。

（2）健康饮食行为

1）每天保证能吃到五大类食物。

2）按照同类互换、多种多样的原则来调配一日三餐。如大米可与面粉或是杂粮互换，猪肉可与鸡肉、鸭肉、牛肉、羊肉等互换。

3）选择食物时因个人情况而定，如肥胖的人要尽可能少地选择高热量、高脂肪的食物，糖尿病病人尽量少选择含糖食物。

2. 每天保证足量的谷类摄入，粗细搭配

谷类食物是最好、最便宜的基础食物，它是以植物性食物为主的膳食，可以预防心脑血管疾病、糖尿病和癌症。

（1）保证每天适量的谷类食物摄入，一般成年人每天摄入 250～400 克。

（2）经常吃一些粗粮、杂粮和全谷类食物，每天最好能吃 50～100 克，如图 5—16 所示。

3. 每天尽量选择多种蔬菜搭配食用

蔬菜含水分多、能量低、富含植物化学物质，是微量营养素、膳食纤维和天然抗氧化物的重要来源。多吃蔬菜对保持身体健康，保持肠道正常功能，提高免疫力，降低患糖尿病、高血压等慢性疾病发病率具有重要作用。建议成人每天吃新鲜蔬菜 300～500 克，如图 5—17 所示。

（1）尽量选择新鲜和应季蔬菜。

（2）多摄入深色蔬菜，如菠菜、韭菜、西红柿、胡萝卜等。因深色蔬菜中含有较高的胡萝卜素，尤其是 β- 胡萝卜素对人体健康非常重要。

（3）少吃酱菜和腌制菜。

图 5—16　五谷杂粮

图 5—17　各类新鲜蔬菜

4. 每天吃新鲜水果

新鲜水果中含维生素（维生素C、胡萝卜素、B族维生素）、矿物质（钾、镁、钙）和膳食纤维（纤维素、果胶）等较多，已被公认为最佳的防癌食物，并能降低冠心病和Ⅱ型糖尿病的发病风险。

（1）吃新鲜、卫生的水果。用清水清洗一遍后浸泡约 10 分钟，然后再用清水冲洗一次，如图 5—18 所示。

（2）选择应季成熟的水果。反季节的

图 5—18　各类新鲜水果

水果都是通过人工条件生产出来的，存在食品安全隐患。

5. 每天坚持饮奶 300 克或相当量的奶制品（酸奶 300 克、奶粉 40 克）

奶类营养成分齐全，组成比例适宜，容易消化吸收，含有丰富的优质蛋白质、维生素A、维生素B_2和钙质。儿童、青少年饮奶，有利于生长发育；中老年人饮奶，可以减少钙质流失，有利于骨健康。

（1）购买时仔细阅读食品标签，区分奶和含乳饮料，含乳饮料不是奶。

（2）酸奶更适宜于乳糖不耐受者、消化不良的病人、老年人和儿童食用。

（3）肥胖人群，患高血脂、心血管疾病的病人适合饮用脱脂奶和低脂奶。

6. 常吃适量的鱼类

鱼类是优质蛋白、脂类、脂溶性维生素、B族维生素和矿物质的良好来源。鱼类一般脂肪含量较低，并且鱼类中含有的不饱和脂肪酸较多，对预防血脂异常和心脑血管疾病有一定作用。

（1）每天吃鱼 75～100 克，吃蛋 25～50 克，吃禽和瘦肉 50～75 克。

（2）尽量不吃"毛蛋""臭蛋"。

7. 多吃大豆及豆制品

大豆含有丰富的优质蛋白、不饱和脂肪酸、钙及 B 族维生素，是优质蛋白质的良好来源。此外，大豆还含有多种有益健康的成分，如大豆异黄酮、植物固醇、大豆低聚糖等，对老年人和心血管疾病病人非常有益。

（1）每天吃大豆（包括黄豆、黑豆、青豆等）约 40 克。

（2）常喝豆浆。

8. 控制烹调用油

高脂肪、高胆固醇膳食会导致人体血脂异常，人体血脂长期异常可引起脂肪肝、动脉粥样硬化、冠心病、脑卒中、肾性高血压、胰腺炎、胆囊炎等疾病，也是引起肥胖疾病的主要原因。

（1）每人每天烹调摄入油量不超过 25～30 克。

（2）选择健康的烹调方法，减少煎、炸、炒等，多选择蒸、煮、炖、焖、凉拌等。

（3）使用控油壶，坚持家庭定量用油。

（4）少吃油炸食品，如炸鸡腿、炸薯条、油条、油饼等。

9. 限制盐的摄入量

有科学实验显示，摄入的盐过多，可使人的血压升高，使发生心血管疾病的风险显著增加。

（1）健康成人一天摄盐量不超过 6 克（包括酱油和其他食物中的含盐量）。

（2）每餐都使用限盐勺，按量放入菜肴。

（3）使用低钠盐，少放酱油、味精。

（4）菜肴出锅前再放盐。

10. 坚持一日三餐

（1）进餐要定时定量，切忌暴饮暴食。

（2）坚持早餐吃好、午餐吃饱、晚餐适量的原则。

11. 每日足量饮水

水是膳食的重要组成部分，是一切生命必需的物质，在生命中发挥重要作用。

（1）在正常的气候条件下，一般成人每天应喝 1 200 毫升水。

（2）养成主动喝水的好习惯，不要等感到口渴时再喝水。

（3）最好饮用白开水，少喝含糖的饮料。

12. 中国居民平衡膳食宝塔（见图 5—19）

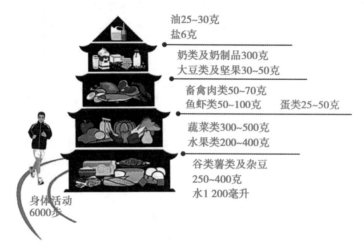

油25~30克
盐6克

奶类及奶制品300克
大豆类及坚果30~50克

畜禽肉类50~70克
鱼虾类50~100克　　蛋类25~50克

蔬菜类300~500克
水果类200~400克

谷类薯类及杂豆
250~400克
水1 200毫升

身体活动
6000步

图 5—19　中国居民平衡膳食宝塔

二、适量运动

1. 日常生活中少静多活动。如多做家务活、步行或骑自行车上班等。

2. 养成规律运动的好习惯。如成年人每天做 30 分钟的有氧运动，老年人可根据身体情况选择运动方式，如打太极拳、练剑、慢跑等。

3. 运动时采取必要的防护措施，避免运动损伤。

三、戒烟限酒

1. 戒烟

烟草烟雾中含有 7 000 多种化学物质和化合物，其中数百种有毒，至少有 70 种致癌，如甲醛、氯乙烯、苯并芘、亚硝基甲苯及砷等，吸烟者患各种癌症（尤其是肺癌）的风险显著增高。因此要做到：

（1）不吸烟。

（2）不敬烟。

（3）不送烟。

（4）吸烟者尽早戒烟。

2. 限酒

饮酒无节制，会使食欲下降，食物摄入量减少，导致多种营养素缺乏、急性酒精中毒、酒精性脂肪肝、肝硬化等。

（1）要文明适量饮酒，切忌过度饮酒，饮酒时尽量选择低度酒（如啤酒、葡萄酒等）。

（2）饮酒时，不宜同时饮碳酸饮料。

四、心理平衡

心理平衡是健康保健最主要的措施，只要注意到心理平衡，就掌握了健康的金钥匙。一个人心理平衡了，生理也就平衡了，也就不容易得病，即使得了病也会好得非常快。因此，要做到心理平衡，在经济飞速发展的 21 世纪，人的健康最宝贵。

五、讲究卫生

1. 勤洗手

勤洗手是预防传染病的重要措施，正确洗手是个人卫生的基础，在日常生活中，如果忽视了手部卫生，将会导致流感、腹泻、手足口病、沙眼等传染性疾病传播速度加快。

（1）正确洗手方法的步骤（见图 5—20）

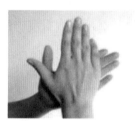
1.掌心相对，手指合拢，相互揉搓，洗净手掌

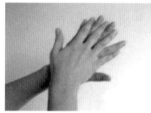
2.手心对手背，手指交叉沿指缝相互揉搓，洗净手背

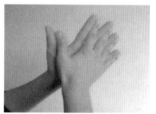
3.掌心相对，双手交叉相互揉搓，洗净指缝

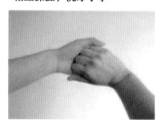
4.双手轻合成空拳，相互揉搓，洗净指背

5.一只手握住另一只手的拇指，旋转揉搓，洗净拇指

6.一只手五指指尖并拢，在另一只手的掌心处揉搓，洗净指尖

图 5—20　六步洗手法

1）用水打湿双手，涂上适量的洗手液或香皂、肥皂。

2）五指并拢，掌心相对，相互揉搓，洗净手掌。

3）手指交叉，掌心对手背，相互揉搓，洗净手背。

4）手指交叉，掌心对掌心，相互揉搓，洗净指缝。

5）双手轻合成空拳，相互揉搓，洗净指背。

6）一只手握住另一只手的拇指，旋转揉搓，洗净拇指。

7）一只手五指指尖并拢，在另一只手的掌心处揉搓，洗净指尖。

8）用流动的水将双手冲洗干净。

9）用干净的毛巾或纸巾将手擦干，或自然晾干。

（2）什么时候需要洗手

1）在接触眼睛、鼻子及嘴前。

2）在吃东西或处理食物前。

3）上厕所后。

4）当手接触到呼吸道分泌物污染时，如打喷嚏、咳嗽和擤鼻涕后。

5）护理病人后。

6）触摸过公共设施，如电梯扶手、门把手后。

7）接触动物或是家禽后。

8）外出回家后。

（3）洗手注意事项

1）尽量用流动的水洗手，如用水盆中的水洗手后，需换一盆清水，将双手冲洗干净。

2）洗手时，用肥皂揉搓双手至少20秒，全部的洗手时间至少30秒，才能达到有效的清洁。

2. 经常开窗通风

经常打开窗户通风，可保持室内空气流通，改善室内空气质量。

（1）每日开窗通风至少3次，每次15～20分钟。

（2）儿童、年老体弱者应尽量减少到人群密集、空气不流通的公共场所。

六、合理用药

1. 身体不适时，要及时到医院检查诊治，不能滥用药物。

2. 用药时，要仔细阅读药物的说明书，明确药物的用途、用法、用量及不良反应。

3. 用药时，要遵医嘱，不擅自选药、停药。

4. 遵医嘱使用抗生素、成瘾性药物。

第 2 节　康复护理

学习单元 1　给瘫痪病人做肢体被动运动

学习目标

1. 掌握瘫痪病人康复运动方法及注意事项。
2. 能给瘫痪病人做肢体被动运动。

知识要求

一、瘫痪病人的心理护理

为瘫痪病人做康复运动，要先解除病人的思想负担，告知病人所有症状通过不断锻炼均可在 1～3 年内逐步改善，使病人摆脱烦恼，保持积极心态。

1. 在家里给病人安排舒适、安静、方便的休养环境，这样可减轻久病者心身疲惫感，减少行动不便带来的烦恼。

2. 家人融洽相处、气氛和谐对病人是很好的心理支持。耐心细致地照料病人，如洗漱、擦身、进食、饮水、使用便器、调整体位等，可减少病人的挫折感，增加恢复生活能力的责任感。

3. 饮食结构应加以调整，以足量高蛋白饮食，蔬菜，水果，低糖、低盐、低脂肪饮食为主。喂食时让病人取半坐位，将少量食物由病人健侧放入口中，以利于下行。如病人吞咽反射障碍则以半流质饮食为宜，并防止呛咳。

4. 当病情稳定后（一般脑梗塞发病一周后、脑出血发病三周后），尽早开始做功能锻炼，以防止关节废用性挛缩。

二、瘫痪病人肢体康复训练方法

瘫痪病人的肢体康复训练主要是在家政服务员的协助下做肢体被动运动，辅以手法按摩。

1. 肢体被动运动的方法和运动次数

（1）上肢运动方法

1）活动肩关节（内旋／外旋，曲，外展）。

2）活动肘关节（曲，伸）。

3）活动腕关节（掌屈，背屈，尺斜，桡斜）。

4）活动掌指关节（曲，伸）。

（2）下肢运动方法

1）活动髋关节（屈，伸，内收，外展，内旋／外旋）。

2）活动膝关节（曲，伸）。

3）活动踝关节（背屈，背伸）。

4）活动趾关节（曲，伸）。

（3）运动次数

每日 3～4 次，每次每个关节运动 5～10 分钟。

2. 按摩手法

通常可用拇指揉摩、捻摩，或用拇指、手掌揉按，或用肘关节揉背，用手拿捏腿部或肌肉丰厚处、跟腱等部位。根据不同的部位采取不同的手法，具体手法如下：

（1）揉摩适用于病人头面部。

（2）捻揉适合于指关节。

（3）揉按常用于肩背部。

3. 按摩的注意事项

（1）对痉挛性瘫痪，按摩手法要轻，以降低中枢神经系统的兴奋性。

（2）对弛缓性瘫痪，按摩手法宜重，以刺激神经活动过程的兴奋性。

（3）按摩时间、次数以每日 3～4 次、每次 15～30 分钟为宜。

三、瘫痪病人肢体康复训练的注意事项

1. 注意活动力度起初不宜过大，时间不宜过长，须逐渐增加活动力度及延长活动时间。

2. 注意保持各关节功能位，预防关节畸形。

3. 锻炼时应先健侧后患侧，并由大关节开始逐渐过渡到小关节。对肘、指、踝关节要特别注意活动，掌指关节活动时注意使手指分开。

4. 按摩应以轻柔、缓慢的手法进行。瘫痪肌给予按摩、揉捏。对抗肌给予安抚性按摩，使其放松。

5．锻炼的时间、次数可根据自身和病人情况进行适当调整，以病人不感疲劳为度，且每日锻炼至少 3 次。

6．每日坚持锻炼，持之以恒，方能收到满意的效果。

学习单元 2　照护压疮病人

学习目标

1．了解压疮的形成机理、压疮的易发部位和压疮的预防方法。

2．掌握压疮的护理方法。

知识要求

一、压疮的形成机理

1. 压疮的定义

压疮是指身体局部组织长时间受压，血液循环发生障碍，局部组织持续缺血、缺氧、营养不良而导致的软组织溃烂坏死。一旦发生压疮，不仅给病人增加痛苦，严重时甚至会引起全身败血症而危及病人生命。因此，家政服务员必须加强护理，预防压疮的发生。

2. 压疮发生的原因

压疮主要是机体局部组织长时间受压引起的。具体原因有以下几个：

（1）力学因素与物理力的联合作用

1）压力。卧床病人长时间不改变体位，局部组织持续受压在 2 小时以上，就可引起组织的不可逆损害。

2）摩擦力。病人长期卧床或坐轮椅，皮肤可受到表面的逆行阻力摩擦，还可见于夹板内衬垫放置不当、石膏内不平整或有渣屑等。

3）剪力。与体位密切相关，剪力是由两层相邻组织表面间的滑行而引起的进行性的相对移位，它是由摩擦力和压力相加而造成的。

（2）理化因素刺激

压疮主要受温度和湿度的影响，皮肤长期处于高温和潮湿环境下，角质层受到破坏，易出现破溃和感染。

（3）全身营养不良或水肿

全身营养不良或水肿造成的压疮常见于年老体弱、水肿、长期发热、昏迷、瘫痪及恶病质的病人，营养不良是发生压疮的内在因素。

（4）受限制的病人

使用石膏绷带、夹板及牵引时，松紧不适，衬垫不当等。

二、压疮的易发部位

压疮容易发生在身体受压和缺乏脂肪组织保护、无肌肉包裹或肌肉层较薄而支持重量较多的骨突处，如髋部、骶尾部、肩胛部、枕骨粗隆、脊椎隆突处、肘部、膝关节的内外侧、内外踝部、足跟部等处；仰卧时，还可发生于髂前上棘、肋缘突出部、膝部等处；坐位时常发生于坐骨结节处。

三、压疮的预防方法

1. 积极消除发病原因

加强病人营养，增强机体抵抗力，多给予病人高蛋白、高维生素、易于消化的膳食。

2. 勤翻身

每2～3小时为病人翻身一次，对皮肤微循环不佳的病人应缩短翻身时间，每1～2小时翻身一次。翻身时切忌拖、拉、推，以防擦破皮肤。翻身后应在身体着力的空隙处垫海绵垫或软枕，以增大身体着力面积，减轻突出部位的压力。受压的骨突出处要用海绵或海绵圈垫空，避免压迫。

3. 勤擦洗

注意保持病人皮肤清洁、干燥，避免大小便浸渍皮肤和伤口，定时用热毛巾擦身，洗手洗脚，促进皮肤血液循环。

4. 勤按摩

每次协助病人翻身后，先用热水擦洗，再用双手或一只手蘸少许樟脑酒精或50%酒精按摩。骨突处要重点按摩，头后枕部、耳郭及脚后跟是压疮的好发部位，也不能忽视。按摩时要有足够的力量刺激肌肉，但肩部用力要轻。

5. 勤整理

病人的床上不能有硬物、渣屑，床单不能有皱褶。

6. 勤更换

及时更换潮湿、脏污的被褥、衣裤和分泌物浸湿的伤口敷料。不可让病人睡在潮湿的床铺上，也不可直接睡在橡皮垫、塑料布上。

7. 勤通风

保持居室空气新鲜、阳光充足，并注意保暖，防止上呼吸道感染。

四、压疮的护理方法

压疮是威胁卧床病人、昏迷病人、恶病质病人最大、最主要的并发症之一。因此，当压疮发生后，应积极治疗原发病，增加全身营养，加强局部治疗和护理。

1. 淤血红润期的护理

淤血红润期为压疮的初期，此时要采取各种预防措施，防止局部再度受压，避免摩擦、潮湿和排泄物的刺激，改善局部血液循环，加强营养摄入，以增强机体抵抗力。

2. 炎性浸润期的护理

在炎性浸润期，红肿部位如果继续受压，血液循环仍得不到改善，静脉回流受阻，局部静脉淤血，受压表面呈紫红色，皮下产生硬结，表皮有水泡出现。此时应加强保护皮肤，避免感染，除采取预防措施外，还应采取防护水泡的措施。

（1）当有水泡时，未破的小水泡用厚层的滑石粉包裹，以减少摩擦，防止破裂感染，让其自行吸收。

（2）大水泡可在无菌操作下，用注射器将水泡内液体抽出（不必剪去表皮），然后涂以 0.1% 洗必肽或 0.02% 呋喃西林溶液，用无菌敷料包扎。

3. 溃疡期的护理

在溃疡期，全层皮肤破坏，可深及皮下组织和深层组织，筋膜除外，表皮水泡逐渐扩大、破溃，真皮层疮面有黄色液体渗出。此时应加强疮面清洁，除腐生新，促使愈合。除全身和局部措施外，应根据伤口情况，按外科换药法进行处理。

（1）如果局部已破溃，浅表疮面可用生理盐水清洗消毒，然后涂 1% 龙胆紫药水，再以无菌纱布覆盖，每天换一次，直至疮面愈合。

（2）如果疮面有感染，轻者用无菌生理盐水或 1∶5 000 呋喃西林清洗疮面，再用无菌凡士林纱布及敷料包扎，每天更换纱布一次。

（3）如果溃疡较深、引流不畅，应用 3% 过氧化氢液冲洗，以防止厌氧菌滋生，如有坏死组织应予以清除。

4. 理疗

在压疮治疗护理过程中，可辅以理疗，如用紫外线或红外线照射，使疮面干燥，促进血液循环。

（1）紫外线照射

紫外线照射可起到消炎和干燥的作用。治疗前应先清洁疮面，盖上消毒纱布，理疗完毕再敷上药物，按医嘱每日或隔日照射一次。

（2）红外线照射

红外线照射可起到消炎、促进血液循环、增强细胞再生功能等作用，同时可使疮面干燥，减少渗出，有利于组织的再生和修复。

学习单元 3　心肺复苏技术应用

学习目标

1. 熟悉心肺复苏抢救术和心跳、呼吸骤停的表现。
2. 掌握心肺复苏技术操作方法（单人操作）。
3. 能够运用心肺复苏技术抢救危重病人。

知识要求

一、心肺复苏抢救技术

1. 目的

心肺复苏抢救技术可以保护脑和心脏等重要器官，并使其尽快恢复脑细胞活性和循环功能。

2. 适用范围

心肺复苏抢救术适用于各种突发疾病或突然事故，如触电、溺水、窒息、心脏疾病、药物过敏等引起的心跳、呼吸骤停。

二、心跳、呼吸骤停的表现

1. 神志消失

怀疑病人有心跳、呼吸停止时，可轻轻摇动病人肩部，并提出简单的问题；如无反应，即可认为病人神志已经消失。

2. 大动脉搏动消失

用手指触摸不到病人的颈动脉或股动脉搏动。

3. 呼吸停止

清理呼吸道的同时，家政服务员以自己面部靠近病人的口鼻，听或感觉有无气流

通过；同时观察病人的胸廓是否有起伏，若无起伏、无气流，则确定病人呼吸已经停止，须立即实施心肺复苏抢救术。

技能要求

心肺复苏操作方法（单人操作）

一、操作准备

将病人放在硬的平面上，解开病人的衣扣、腰带等，抢救者双腿跪于病人右侧。

二、操作步骤

步骤1　开放气道，可采取仰头举颌法和仰头抬颈法。

（1）仰头举颌法（见图5—21）

抢救者左手掌根放在病人前额处，用力下压，使病人头部后仰；右手食指与中指并拢，放在病人下颌骨处，向上抬起下颌；抬时注意手指不要压迫病人颈前颌下软组织，以免压迫气道。病人口鼻有异物时用手指清除，疑为颈椎骨折者不能使用此法。

（2）仰头抬颈法（见图5—22）

抢救者一只手放在病人前额向后下压，使头部后仰；另一只手托住病人后颈部向上抬颈，抬颈时动作要轻柔，用力过猛可能会造成颈椎损伤；病人口鼻有异物时用手指清除，疑为颈椎骨折者不能使用此法。

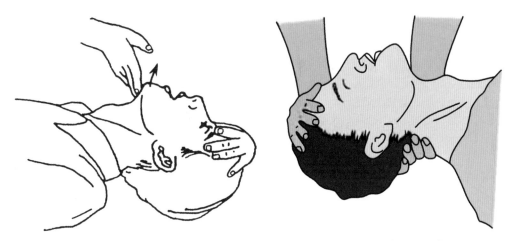

图 5—21　仰头举颌法　　　　　　　图 5—22　仰头抬颈法

步骤2 人工呼吸（口对口人工呼吸，如图5—23所示。

抢救者一只手将病人鼻孔捏住，另一只手托下颌并将病人口唇张开；深吸气后，用自己的口唇紧包病人的口部，用力向病人嘴内吹气；吹气要均匀，吹气的同时观察病人的胸廓，如看到胸廓抬起，表明气体吹进了病人的肺部，吹气有效，力度适中。待病人抬起的胸廓自然回落后，再重复吹气，反复进行。开始时先迅速吹气3～4次，然后每分钟均匀地重复吹气16～20次。

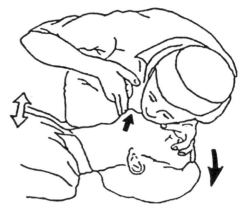

图5—23 口对口人工呼吸

步骤3 胸外心脏按压。

胸外心脏按压是现场急救时最实用而有效的心脏复苏方法，主要在病人胸骨下段按压胸壁，以建立人工循环。

（1）定位（见图5—24）

抢救者右手中指与食指并拢，指尖沿右侧肋弓下缘上移至胸骨下切迹（在两侧肋弓交点处寻找）；中指定位于胸骨下切迹，不含剑突处，食指紧靠中指，左手掌根紧靠右手食指放在病人胸骨中下1/3处，手掌根部的长轴应与胸骨的长轴平行，不要偏向一侧，右手移开，右手掌根重叠放在左手上。

（2）按压（见图5—25）

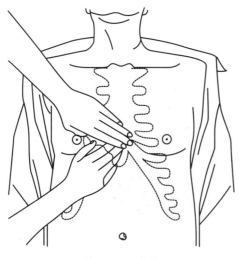

图5—24 定位

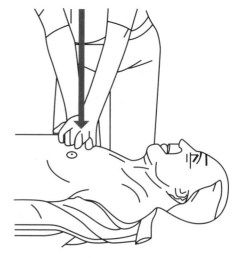

图5—25 按压

抢救者右手掌根重叠放在左手手背上，双手手指交叉翘起，双肘关节伸直，肩、手臂垂直于病人胸部并用力向下按压 4～5 厘米；然后放松，使病人肋骨复位，放松时掌根不能离开按压部位，反复进行，按压频率为每分钟 80～100 次。

　　步骤 4　判断复苏效果。

　　如心肺复苏抢救成功，还必须进一步转入医院治疗。

三、注意事项

1．人工呼吸的注意事项

　　（1）病人的呼吸道要通畅无阻，以便气体容易进出。

　　（2）每次吹气量不要过大，吹气量过大或吹气过快可使咽部压力超过食管开放压，使气体进入胃部，引起胃膨胀。

　　（3）吹气的同时不要按压胸部。

　　（4）如有活动的义齿应立即取出，以免坠入气管。

　　（5）不论何种原因引起的呼吸停止，均系重症、危症，都应争分夺秒地进行抢救。

2．胸外按压的注意事项

　　（1）按压部位要正确，按压部位太低易引起胃内容物反流、剑突折断而至肝破裂等腹部脏器损伤，按压部位太高则易损伤大血管。

　　（2）按压与吹气的比例为 15∶2。

　　（3）抢救者的双手平行叠放，而非垂直叠放，以免力量分散。

　　（4）按压时，手指要抬离胸壁，以防压力沿手指传至肋骨，引起骨折。

　　（5）按压时，双臂保持垂直，不能弯曲，并应垂直向下用力。

学习单元 4　观察并及时疏导病人的不良情绪

学习目标

　　1. 熟悉病人的心理特点。

　　2. 熟悉病人常见的不良情绪。

　　3. 能够疏导病人不良情绪。

知识要求

病人住院后，面对陌生的环境、疾病的折磨，生理、心理上都会发生巨大的改变，同时会产生许多不良情绪。家政服务员每日都陪伴在病人的身边，是病人最贴心的伙伴；因此，要多观察病人的心理变化，发现病人有不良情绪时，要及时给予正确的疏导。

一、病人的心理特点

1. 急重症病人的心理特点

急重症病人发病急、病情重。由于病情突发或恶性事故的刺激，面临生命威胁，在心理方面，病人会出现高度紧张和恐惧感，恐惧、悲哀、绝望等消极情绪会加重病情。在这个时期需要家政服务员对病人进行良好的心理护理，对病人的不良情绪进行疏导。

2. 慢性病病人的心理特点

（1）沮丧心理

慢性病病人因为需要承受长期的疾病折磨，经历漫长的病程；所以往往会产生极为复杂的心理活动。在没有令人满意的特效治疗方法时，迫使病人只能无奈地适应漫长的疾病过程。情绪低落、孤独、失望、焦虑等，会引发头疼、失眠等类似神经衰弱的症状。

（2）焦虑心理

慢性病病人一开始大都有侥幸心理，不肯承认自己患了疾病；一旦确诊，又容易产生急躁情绪，到处求医问药。慢性病病人对自己的健康格外小心，要求家人关心自己；在没有得到准确和令人满意的治疗方案时，漫长的疾病过程会加重焦虑的情绪。

（3）多疑和易怒

慢性病病人由于长期患病，以自我为中心，敏感、多疑；久治不愈和病情反复导致思想顾虑增多，怀疑自己的病情恶化或是又患有其他疾病等；缺乏对医生的信任，治疗效果不显著，又长期受疾病困扰，容易不分场合地发怒或有冲动行为等。

3. 传染病病人的心理特点

传染病病人一旦确诊，心理就会处于高度应激状态；不敢面对自己的疾病，害怕亲戚、朋友远离自己；渴望得到亲人的关心和理解，希望得到最佳和最及时的治疗及护理。病人被确诊传染后，认为自己成了对周围人造成威胁的传染源，再加上隔离治疗，因而感到自卑。表现为愤怒、爱发脾气、悲观、多疑等，有的传染病病人甚至自闭。

二、病人常见的不良情绪

人具有理性思考的潜能，同时也有非理性思考的倾向。当人们理性思考时，就会产生积极的情绪；反之，当人们非理性思考时，则会产生消极的情绪。因此，当病人住院后，面对陌生的环境、疾病的折磨往往就会产生许多不良情绪。病人常见的不良情绪主要包括焦虑、忧虑、恐惧、紧张、自卑、抑郁等。

1. 焦虑、忧虑

病人入院后由于环境的陌生、疾病的影响以及生活上的诸多不便，其自尊心、自信心受到了极大的伤害。入院后病人要进行自身的角色转换，一旦住进医院，就必须进行自我意识行为的转变，必须遵循医护人员所要求的各项诊疗活动，这些都会使病人产生一定程度的疑惑。病人对于自己所患疾病及预后情况不了解，对手术存有疑惑，听不懂医学术语，也会造成护患之间不能有效沟通，病人信息缺乏等，加重了病人焦虑、忧虑的情绪。

2. 恐惧、紧张

瞬间袭来的天灾、人祸或恶性事故等超常的紧张刺激可以摧毁一个人的自我应对机制，而使之出现心理异常。一向自以为健康的人突然患了重病、不治之症，也会因过分恐惧、紧张而失去心理平衡，加之病人身体的不适感、医院的环境陌生，从而产生恐惧、紧张心理。恐惧和紧张会导致病人睡眠质量下降，使病人体力不支，加重病情，不利于病人身体恢复，使治疗更加困难。

3. 自卑、抑郁

慢性病病人因要长期服用药物治疗，长期承受疾病的折磨，并且病情常常出现反复甚至病情恶化等；容易产生自卑心理，尤其是青年病人。由于怕人嘲笑或影响恋爱、婚姻等问题，更易产生自卑心理、抑郁。还有些性病病人，怕被别人歧视，从而产生自卑心理，精神变得颓废、沉闷，长期下去就会出现抑郁心理。

三、影响病人情绪的因素

1. 疾病本身。
2. 病人自身的身心反应。
3. 住院环境。
4. 家庭支持。

四、病人不良情绪的疏导方法

1. 和病人建立良好的关系

家政服务员与病人交谈时要专注，态度和蔼、亲切；交谈内容简单明了，解除病人的顾虑，满足病人的心理需要，提高病人的心理效应和用药的自觉性。在病人面前要表现得大方得体，耐心细致地回答病人提出的问题；这样可以减轻病人对疾病的恐惧和焦虑，赢得病人的信赖，使他们主动配合治疗和护理。

2. 认真倾听病人倾诉

认真倾听病人倾诉，能使病人自由地倾诉内心的烦恼或痛苦；这样可使病人产生一种满足、被信任、被接受、被尊重和理解的感觉，压抑的情感得以表达和疏导，有助于缓解病人的焦虑情绪。

3. 提高病人的认知水平

提高病人的认知水平，可以让病人了解自己的病情，了解治疗过程，消除病人的猜疑心理。还可以为病人提供一些与病人疾病有关的正能量的书籍，鼓励病人树立信心，积极治疗。

4. 争取家属、亲友的密切配合

家属、亲友热情的关怀、体贴的抚慰，潜移默化地影响病人的心理动态。如经常电话对话、常常探视病人；这样会给予病人心理上的安慰，利用情感支持鼓励病人树立信心，战胜疾病。因此，争取家属、亲友的密切配合，能在病人心理上起到关键性的安慰作用。

5. 指导病人进行自我心理护理

让病人知道缓解不良情绪的最好办法不是依赖外力，而是依靠个人的心理防御机制，让病人了解一些医学知识，相信科学，培育良好的个性是非常重要的。指导病人进行自我心理护理，当心情激愤、悲观厌世时，告诫自己这一切都是暂时的，相信自己一定能战胜疾病。

6. 心理暗示

家政服务员照顾病人的时候，要巧妙地对病人多施以积极的暗示。有时，不管是有意或是无意地对病人施以消极的暗示，都会带来截然相反的结果。

7. 多听音乐

音乐可以陶冶人的情操，可以使人放松心情，忘记烦恼。所以，每天应该让病人多听听音乐，音乐的选择应当以舒缓、抒情、快乐的为主，每次听音乐的时间不宜太长，音量不要超过 70 分贝。

8. 具有幽默感

幽默可以使病人自觉地发笑，使病人的心情变得舒畅，有缓解病人病情的功效。因此，家政服务员可以经常给病人讲一些笑话、幽默的故事，也可以在日常谈话中用幽默感染病人，让病人在快乐中治疗。

9．合理照顾病人的饮食，保证病人的营养充足

吃饭时要提醒病人细嚼慢咽，慢慢品尝，这样可以减少不良情绪的发生。

10．不做治疗时，可以陪伴病人在室外活动

家政服务员应根据病人的身体情况适当安排室外运动。到室外还可以感受阳光的温暖、空气的新鲜、花草的芳香，这样可以使病人对生活充满希望，对战胜疾病充满信心。

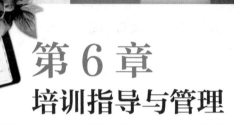

第6章
培训指导与管理

培训是一种有组织地向学习者提供知识和技能、信息和信念的过程。管理是指通过计划、组织、指挥、协调、控制及创新等手段，结合人力、物力、财力、信息等资源，以期高效达到组织目标的过程。

第1节　职业培训

职业培训也称职业技能培训，是指对准备就业和已经就业的人员，以开发其职业技能为目的而进行的理论知识和实际操作能力的教育和训练。职业培训是以劳动者为特定培训对象，以直接满足社会、经济发展的某种特定需要为培训目的，按照国家职业分类和职业技能标准进行的规范性培训。

学习单元1　培训初级、中级
家政服务员

学习目标

1. 熟悉初级、中级家政服务员培训内容。

2. 掌握培训初级、中级家政服务员教学技巧。

3. 能进行初级、中级家政服务员培训。

知识要求

一、培训内容

1. 初级家政服务员培训内容

（1）制作家庭餐

1）主要内容

①加工配菜。

②烹制膳食。

2）目标

①加工配菜。掌握蔬菜分类常识与食用方法，能初加工油菜、西红柿等时令蔬菜。掌握家禽、家畜类食物原料的初加工方法与注意事项；能初加工鸡、鸭、猪、牛、羊等食物原料。掌握鱼、虾的加工方法与注意事项；能加工鱼、虾等食物原料。

掌握食物原料的保鲜、冷冻、解冻处理方法；能对食物原料进行保鲜、冷冻、解冻处理。掌握刀具的种类及使用保养方法；掌握直刀、平刀、斜刀等刀工技术操作方法；能将食物原料加工成丁、片、块、段或条。

②烹制膳食。掌握单一主料凉菜的制作方法与注意事项，能制作 3 种单一主料凉菜。掌握酸、甜、苦、辣、咸等味型调制技术要求，能调制 3 种以上单一味膳食。

掌握灶具、炊具、电饭煲、微波炉使用方法，能运用蒸、煮等烹饪技法制作主食，能运用蒸、炒、煮、炸等烹饪技法制作菜肴，能制作 3 种汤食。掌握燃气与用电安全注意事项。

（2）洗涤收纳衣物

1）主要内容

①洗涤衣物。

②收纳衣物。

2）目标

①洗涤衣物。掌握衣物洗涤标识的作用，能识别衣物洗涤标识。掌握纺织品衣物质地鉴别常识，掌握常用洗涤用品使用方法，能依据衣物质地选用洗涤用品。掌握手工洗涤衣物方法，能手工洗涤棉、麻、化纤类衣物。掌握洗衣机的使用方法，能使用洗衣机洗涤衣物。

②收纳衣物。掌握晾衣架的使用方法及不同质地衣物晾晒方法，能依据质地特性晾晒衣物。掌握衣物折叠、整理、收纳注意事项，能折叠、整理、分类收纳衣物。掌握衣物防霉、防蛀处理方法及注意事项，能对衣物进行防霉、防蛀处理。

（3）清洁家居

1）主要内容

①清洁居室。

②清洁家居用品。

2）目标

①清洁居室。掌握拖布、吸尘器等清洁器具使用方法，能清洁、擦拭门窗与玻璃。掌握居室清洁程序与要求，掌握居室地面、墙面质地分类常识与清洁注意事项。能清洁、擦拭涂料类硬质居室墙面，能清洁、擦拭居室地面。

②清洁家居用品。掌握家庭常用清洁、消毒用品的使用方法。掌握厨具、灶具、餐饮用具清洁注意事项，能清洁厨具、灶具、餐饮用具。掌握常见家用电器清洁与使用方法，能清洁、擦拭电冰箱、电饭煲、微波炉、电视机等电器。掌握家具清洁、擦拭注意事项，能清洁、擦拭衣橱、桌椅、板凳类家具。掌握卫生洁具清洁、消毒方法，能清洁、消毒卫生洁具。

（4）照护孕产妇与新生儿

1）主要内容

①照护孕妇。

②照护产妇。

③照护新生儿。

2）目标

①照护孕妇。掌握孕妇膳食制作要求及注意事项，能为孕妇制作常规膳食。掌握孕妇盥洗、沐浴、更衣注意事项，能照护产妇盥洗、沐浴、更衣。掌握孕妇出行安全注意事项，能陪同孕妇出行并准备出行物品。

②照护产妇。掌握产妇膳食制作要求，能为产妇制作常规膳食。掌握产妇盥洗、沐浴注意事项，能照护产妇盥洗和沐浴。掌握产妇擦浴、更换衣物注意事项，能为卧床产妇擦浴、更换衣服。掌握开奶与母乳喂养方法，能指导产妇喂哺新生儿。掌握产妇照护工作日志记录内容，能填写产妇照护工作日志。

③照护新生儿。掌握奶具清洗、消毒方法与注意事项，能清洗、消毒奶具。掌握新生儿人工喂养方法与注意事项，能为新生儿冲调奶粉，能给新生儿喂奶和水。掌握托抱新生儿注意事项，能托抱新生儿。掌握新生儿盥洗、沐浴注意事项，能照护新生儿盥洗和沐浴。掌握新生儿的生理特点，能为新生儿穿、脱并洗涤衣服或纸

尿裤等。

（5）照护婴幼儿

1）主要内容

①料理膳食。

②照护起居。

2）目标

①料理膳食。掌握婴幼儿膳食器具清洁、消毒注意事项，能清洁、消毒婴幼儿膳食器具。掌握婴幼儿生理发育特点。掌握婴幼儿人工喂养方法与注意事项，能给婴幼儿喂奶、喂水、喂食。掌握婴幼儿辅食添加与制作方法，能给婴幼儿制作3种以上主食、辅食。掌握婴幼儿呛奶、呛水处理注意事项，能处理婴幼儿呛奶、呛水。

②照护起居。掌握婴幼儿用品清洁、消毒注意事项。掌握婴幼儿生理发育特点。掌握婴幼儿生活照料及饮食特点。掌握照护婴幼儿盥洗、沐浴注意事项。掌握婴幼儿意外情况处理方法。

（6）照护老年人

1）主要内容

①料理膳食。

②照护起居。

2）目标

①料理膳食。掌握老年人生理特点。掌握老年人膳食特点及膳食制作要求，能为老年人制作3种以上主食、菜肴，能为老年人制作3种以上的汤。掌握老年人进食、进水注意事项，能照护老年人进食、进水。

②照护起居。掌握与老年人相处的技巧。掌握老年人日常盥洗注意事项，能照护老年人盥洗。掌握老年人衣物换洗注意事项，能为老年人换洗衣物、修剪指（趾）甲。掌握体温计的使用方法，能给老年人测量体温。掌握老年人外出注意事项，能陪伴老年人散步、购物、就医。

（7）照护病人

1）主要内容

①料理膳食。

②照护起居。

2）目标

①料理膳食。掌握病人膳食特点及常见病人膳食制作要求，能为病人制作3种以上主食和菜肴，能为病人制作3种以上的汤。掌握病人进食、进水注意事项，能照护病人进食、进水。掌握病人膳食器具收纳方法，能清洁、消毒病人膳食器具。

②照护起居。掌握与病人相处的技巧。掌握病人日常盥洗注意事项，能照护病人日常盥洗。掌握卧床病人洗头、擦澡、翻身、更换衣物注意事项，能给卧床病人洗头、擦澡、翻身、更换衣物。掌握照护卧床病人二便方法，能照护卧床病人二便。掌握体温计的使用方法，能给病人测量体温和脉搏。掌握口服给药方法及注意事项。掌握轮椅、拐杖等助行器；能陪伴病人就诊。

2. 中级家政服务员培训内容

（1）制作家庭餐

1）主要内容

①加工配菜。

②烹制膳食。

2）目标

①加工配菜。掌握食物原料质量识别常识。掌握剞刀技术操作方法，能将食物原料加工成丝、茸。掌握馅料制作方法与注意事项，能制作馅料。掌握干制植物性原料水发加工方法，能水发加工干制植物性原料。掌握拍粉、粘皮操作技术注意事项，能进行原料拍粉、粘皮处理。掌握水粉糊、全蛋糊、水粉浆，全蛋浆的调制方法，能调制水粉糊、全蛋糊、水粉浆，全蛋浆。掌握动物性原料腌制处理技术要求，能腌制动物性原料。掌握咸鲜味、酸甜味、咸甜味、咸香味等味型调制方法，能调制咸鲜味、酸甜味、咸甜味、咸香味等味型。

②烹制膳食。掌握煎、烤、烙等主食制作技术方法，能用煎、烤、烙等技术方法制作主食。掌握煎、炖、汆、烩、烧、焖等烹调注意事项，能用煎、炖、汆、烩、烧、焖等技术方法烹制菜肴。掌握复合调味方法与技术要求，掌握复合原料冷菜拼盘制作技术要求，能制作复合原料的冷菜拼盘。

（2）洗烫衣物

1）主要内容

①洗涤衣物。

②熨烫衣物。

2）目标

①洗涤衣物。掌握衣物质地鉴别方法。掌握羽绒类衣物洗涤注意事项，能洗涤羽绒类衣物。掌握丝绸类衣物洗涤注意事项，能洗涤丝绸类衣物。掌握毛织品衣物洗涤注意事项，能洗涤毛织品类衣物。

②熨烫衣物。掌握家用熨烫设备使用方法及衣物熨烫注意事项；能熨烫衬衫、领带、西服衣裤、套裙类服装。

（3）保洁家居

1）主要内容

①保洁家居设施。

②保洁家居用品。

2）目标

①保洁家居设施。掌握常见保洁设备使用方法，能使用保洁设备进行家居保洁。掌握家居装饰墙面保洁方法与注意事项，能进行居室装饰墙面保洁。掌握居室地板保洁方法与注意事项，能进行居室地板保洁。

②保洁家居用品。掌握皮革类家居用品养护方法与注意事项；能清洁、养护皮革类家居用品。掌握板式家具养护注意事项，能进行更衣柜、展示柜等板式家具保洁。掌握厨房操作台面材质分类与养护方法，能清洁、养护厨房操作台面。掌握挂毯、地毯保洁注意事项，能进行挂毯和地毯保洁。

（4）照护孕产妇与新生儿

1）主要内容

①照护孕妇。

②照护产妇。

③照护新生儿。

2）目标

①照护孕妇。掌握妊娠期营养需求与食物来源，能为孕妇制订营养膳食计划。掌握妊娠期滋补膳食制作方法，能为孕妇制作 6 种滋补膳食。掌握孕期乳房护理内容与护理方法，能指导孕妇进行乳房护理。掌握妊娠期工作、生活安全注意事项，能指导孕妇进行安全自护。

②照护产妇。掌握产妇营养需求常识，能为产妇制作 6 种以上营养膳食。掌握催乳食品制作方法与注意事项，能为产妇制作 6 种以上催乳食品。掌握产妇乳房保健护理内容与护理方法，能为产妇做乳房护理。掌握吸奶器的适用对象与使用方法，能指导产妇做形体恢复操。

③照护新生儿。掌握新生儿口服给药方法，能给新生儿喂服药物。掌握新生儿二便特点与常见异常，能照护新生儿二便并观察异常。掌握新生儿抚触方法与注意事项，能给新生儿做抚触。掌握新生儿脐带护理注意事项，能护理新生儿脐带。掌握新生儿呛奶、呛水处理方法与注意事项，能处理新生儿呛奶、呛水。

（5）照护婴幼儿

1）主要内容

①料理膳食。

②照护起居。

2）目标

①料理膳食。掌握婴幼儿营养需求与食物特点，能给婴幼儿制订营养膳食计划。掌握婴幼儿膳食制作方法与注意事项，能给婴幼儿制作 6 种以上主食、辅食。

②照护起居。掌握给婴幼儿说儿歌、讲故事注意事项；能给婴幼儿说儿歌、讲故事。掌握婴幼儿抬头、翻身训练注意事项；能训练婴幼儿抬头、翻身；掌握婴幼儿坐、爬、站立、行走训练注意事项；能训练婴幼儿坐、爬、站立、行走。掌握三浴照护方法与注意事项；能给婴幼儿做水浴、日光浴、空气浴。掌握婴幼儿抚触注意事项，能给婴幼儿做抚触。

（6）照护老年人

1）主要内容

①料理膳食。

②照护起居。

2）目标

①料理膳食。掌握老年人必需营养素的食物来源，能为老年人制定日常食谱。掌握老年人膳食制作要求与注意事项，能为老年人制作 6 种以上主食、菜肴、汤。

②照护起居。掌握给老年人读书、读报的目的，能给老年人读书、读报。掌握老年人的情感特点与交流方法，能与老年人进行情感交流。掌握老年人忧虑、恐惧、焦虑、抑郁等情绪的疏导方法，能观察并及时疏导老年人的不良情绪。掌握血压计的使用方法与注意事项；能为老年人量血压、测脉搏；掌握老年人的心理特点与保健方法。

（7）照护病人

1）主要内容

①料理膳食。

②照护起居。

2）目标

①料理膳食。掌握病人的营养需求与食物来源，能为病人制作 6 种以上的常规膳食。掌握治疗膳食的应用范围与制作要求，能遵医嘱为病人喂食治疗膳食。掌握导管喂食方法与注意事项，能遵医嘱为病人进行导管喂食。

②照护起居。掌握病人的情感特点与交流方法，能与病人进行情感交流。掌握口腔清洁护理的目的与注意事项，能为失能病人清洁口腔。掌握给卧床病人更换床单、被褥的方法与注意事项，能给卧床病人更换床单、被褥。掌握血压计使用方法与注意事项，能给病人量血压、测脉搏；掌握冷敷、热敷护理技术的应用范围；能给病人做冷敷或热敷护理。掌握中草药煎煮注意事项，能为病人煎煮中草药。

二、教学技巧

教学技巧分为教学设计、教学方法、课堂教学技能三部分内容。

1. 教学设计

（1）教学设计的含义

教学设计是教师运用系统方法，将教学理论与学习理论的原理转换成对教学目标与教学内容的分析，教学策略与教学媒体的选择，教学活动的组织以及教学评价等教学环节进行整体规划的过程。

家政服务员培训教学设计，是教学设计原理在家政服务员培训中的应用，是指高级家政服务员运用系统方法，按照一定的教学目标和要求，针对具体教学对象；对培训程序及其具体环节所做出的行之有效的策划；其目的是优化培训效果，达到预期培训设想。

（2）教学设计的作用

1）使学习者得到更多的关注。学习者是教学的中心。在教学设计项目开始阶段，教学设计者要付出相当多的努力来了解学习者。教学设计者更多地着眼于学习者，试图获取信息，使学习者更好地获得学习内容，更有利于促进学习者的学习。

2）使教学理论与教学实践完美结合。教学理论到具体的教学实践需要一定的转换工具，作为"桥梁"的教学设计就起到了沟通教学理论与教学实践的作用。教学设计一方面可以将已有的教学理论运用到实际教学当中，指导教学工作；另一方面也可以把教学经验升华为教学科学，充实和完善理论。

3）使教学工作得到优化。在传统教学中，教学上的许多决策都依靠教师个人的经验和意向。经验丰富的教师可以取得较好的效果；但是，由于缺乏客观标准，很难把这些技术传授给其他教师。教学设计可以有效地解决这个问题，一般教师只要懂得相关的理论，掌握科学的方法，就可以迅速在实际教学过程中加以运用，优化整个教学工作。

（3）教学设计的主要内容

针对不同层次学习任务、不同学习者的教学，教学设计的具体内容有所不同。其基本内容包括以下几个方面：

1）前期分析。前期分析主要包括学习需求分析、学习任务分析、学习者分析和学习背景分析。前期分析有利于教学设计工作更加科学。

2）教学目标的确定。教学不能没有教学目标，教学目标的确定是建立在前期分析的基础上的。教学目标确定了教学活动的方向。

3）教学策略的制定。根据前期分析提供的信息和教学目标，同时根据学习理论和教学理论，制定合适的教学策略。

4）教学设计方案的实施。教学设计方案的实施是依据制定的方案，结合课堂教学的实际进行教学的过程。教学过程一般包括以下五个环节：

①课堂导入。课堂导入是在教学内容或活动开始时，教师用以引导学习者做好心理准备和认知准备进入学习的行为方式。课堂导入是能够引起学习者注意、激发学习者学习兴趣、明确学习者学习目的和建立知识间联系的教学活动。

②问题探讨。问题探讨是教师在课堂教学中，通过创设问题情境、设置疑问，引导和促进学习者学习的教学行为方式。

③课堂练习。课堂练习是学习者将所学知识应用到实践当中，巩固已学知识。培养学习者掌握知识与实践操作的综合能力，激发学习者的学习兴趣和培养学习者的良好习惯。课堂练习是教师检查教学效果、反馈教学效果、提高教学水平、改进教学方法的途径之一。

④课堂小结。课堂小结是教师在完成一个教学活动时，通过归纳、总结帮助学习者及时对新知识和新技能进行系统巩固和运用，并将其纳入到原有的认知结构中去的一种教学行为。课堂小结是一个教学活动的结尾，又是下一个教学活动潜在的开始；其和课堂导入首尾呼应，缺一不可。课堂小结有梳理课堂知识、深化教学内容等作用。

⑤布置作业。一个教学活动结束后，教师可适当地布置作业；作业可以是对此次教学活动的巩固练习，也可以是对下个教学活动新知识的预习。

以上五个环节不是彼此孤立的，而是相互关联、相互补充、层层递进的整体。教师要准确把握，适时合理地转化。

5）教学评价

①形成性评价。形成性评价是指在教学设计方案形成后进行的评价；根据评价的数据，修改与进一步完善教学设计方案。

②总结性评价。总结性评价是指根据教学目标和教学实施结果进行的评价；通过收集、分析和总结数据评价教学是否有效地解决了问题。

2. 教学方法

（1）常见教学方法

教学方法是教师和学习者为了实现共同的教学目标，完成共同的教学任务，在教学过程中运用的方式与手段的总称。常见的教学方法有以下几种：

1）讲授法。讲授法是最基本的教学方法，对重要的理论知识的教学采用讲授的教学方法。讲授法直接、快速、精炼地让学习者掌握，为学习者在实践中能更游刃有余地应用打下坚实的理论基础。

2）讨论法。讨论法是学习者通过讨论，进行合作学习；让学习者在小组或团队

中进行学习，让所有的人都能参与到明确的集体性任务中；强调集体性任务，强调教师放权给学习者。合作学习的关键在于小组成员之间相互依赖、相互沟通、相互合作，共同负责，从而实现共同的目标。通过开展课堂讨论，提高思维能力、语言表达能力；让学习者多多参与，亲自动手、亲自操作、激发学习兴趣、促进学习者主动学习。

3）演示法。演示法是学习者通过观看真实的或栩栩如生的关于将要学习的技能或过程的事例来学习的方法。可以通过教师现场演示，也可以利用视频媒体将信息记录下来并播放。

4）案例教学法。案例教学法是在学习者掌握有关基本知识和分析技术的基础上，在教师的精心策划和指导下，根据教学目的和教学内容的要求，运用典型案例，将学习者带入特定事件的现场进行案例分析，通过学习者的独立思考和集体协作，进一步提高其识别、分析和解决某一具体问题的能力，同时培养正确的管理理念、工作作风、沟通能力和协作精神的教学方法。

5）情景教学法。情景教学法是将教学过程安置在一个模拟的、特定的情景场合之中。通过教师的组织、学习者的演练，在愉悦、宽松的场景中达到教学目标，既锻炼了学习者的临场应变与实景操作的能力，又活跃了教学气氛，提高了教学的感染力。

（2）选择教学方法的依据

为了达到教学目标，完成教学任务，教师必须科学地选择教学方法。教学方法的两重性、多样性、受制约性等特点要求在选择教学方法时，要考虑教学方法选择的依据。

1）依据教学规律和教学原则。教学方法的选择必须依据教学规律和教学原则。例如，家政服务员在学习新知识和新技能时，要遵循理论与实际相结合的教学原则，也要遵循在实践活动中掌握知识和形成能力的教学规律。

2）依据教学目标与教学任务。每一个教学活动都有具体的教学目标。目标不同，就需要选择不同的教学方法，选择与教学目标相适应的能够实现教学目标的教学方法。

3）依据教师素质。教学方法必须通过教师的具体教学来实施。教师的素质结构包括知识结构、能力结构、心理结构、品德结构等，都与教学方法的选择有关。教学方法只有适应教师的素养条件，能为教师所掌握，才能更好地发挥作用。

4）依据学习者特点。教学方法要适应学习者的基础条件和个性特征。

5）依据教学的组织形式、时间、设备条件。不同的教学组织形式、教学时间设置的长短、教学的设备条件都是影响教学方法选择的因素；选择教学方法时，应考虑多方面的因素，最终选择出合适的教学方法。

（3）教学方法设计的原则

1）多样性原则。为了更好地完成教学任务，实现教学目的，必须坚持运用多种教学方法。教师应博采众长，综合地运用各种教学方法。

2）综合性原则。综合性原则要求在教学中全面地、整体地、辩证统一地看待教学方法。反映在教学方法上，就是教法与学法的统一。

3）灵活性原则。教学方法的丰富性、教学活动的多变性，决定了教学方法选择的灵活性原则。

4）创造性原则。创造性原则就是要求教师在教学中对已有的教学方法进行改造、组合，使之发生随机变化，从而发挥最大功能。这就要求教师发挥其长处，运用其擅长的教学技巧，通过各种途径，实现教学方法的创造。

3. 课堂教学技能

课堂教学技能是指教师在课堂教学中，依据教学理论，运用专业知识和教学经验等，为促进学习者学习、实现教学目标而采取的一系列教学行为方式。教学技能一般包括课堂教学过程的教学技能和课堂教学场面的教学技能。

（1）课堂教学过程的教学技能

1）课堂导入技能。课堂导入是课堂教学环节中的重要一环，是课堂教学的前奏。良好的课堂导入能引起学习者的注意，提高学习者的兴趣，为课堂教学创造一个良好的开端。

2）反馈和强化技能。反馈是指教师在教学活动的各个环节上及时进行信息反馈，以迅速了解教与学的活动状态；强化是指教师使学习者在教学过程中将注意力集中到教学活动上。

3）课堂组织技能。课堂组织技能是指教师组织学习者，管理纪律，引导学习，营造和谐的教学环境，帮助学习者达到预定的教学目标的行为方式。

4）变化技能。变化技能是指在整个教学过程中能依据课堂的具体情况进行合理调整。

5）接受技能。接受技能是指教师在教学过程中培养学习者的学习兴趣、激发学习者的求知欲，使学习者能更好地接受知识。

（2）课堂教学场面的教学技能

1）讲授技能。讲授技能也叫讲解技能，是指教师运用教学语言，辅以各种教学媒体，引导学习者理解教学内容并进行分析、综合、抽象、概括，形成概念，认识规律和掌握原理的教学行为方式。

2）讨论技能。讨论技能是指教师基于某一知识点或问题组织学习者进行讨论的行为。

3）演示技能。演示技能是指教师利用各种教具、实物或示范实验，使学习者获得有关知识的感性认识的教学行为。

培训初级家政服务员

培训初级家政服务员，使初级家政服务员掌握洗涤收纳衣物的相关知识和技能。

一、操作准备

1. 确认培训内容

对初级家政服务员进行培训，要熟悉相关培训内容，如要对初级家政服务员进行衣物清洗收纳方面的培训，需熟悉初级家政服务员衣物清洗收纳培训内容（见表6—1）。

表6—1　　　　　　　　　　初级家政服务员衣物清洗收纳培训内容

章	节	培训内容	技能要求
第6章 洗涤收纳衣物	第一节 洗涤衣物	衣物洗涤标识的作用 纺织品衣物质地鉴别常识 常用洗涤用品使用方法 手工洗涤衣物方法 洗衣机的使用方法	能识别衣物洗涤标识 能依据衣物质地选用洗涤用品 能手工洗涤棉麻、化纤类衣物 能使用洗衣机洗涤衣物
	第二节 收纳衣物	晾衣架的使用方法 不同质地衣物晾晒方法 衣物折叠、整理、收纳注意事项 衣物防霉、防蛀处理方法及注意事项	能依据质地特性晾晒衣物 能折叠、整理、分类收纳衣物 能对衣物进行防霉、防蛀处理

2. 确认培训对象

培训对象为初级家政服务员。

3. 选择教学方法

（1）讲授法。

（2）演示法。

4. 环境及教具准备

准备教学用到的投影设备、黑板等。

二、操作步骤

步骤1 问题导入。

教师提问：如何洗涤衣物及收纳衣物？

学习者讨论并回答，教师导入新课。

步骤2 讲解重点、难点。

根据培训内容及技能要求，教师讲解洗涤收纳衣物的重点及难点内容。

步骤3 演示洗涤收纳衣物。

根据培训内容及技能要求，教师演示如何洗涤及收纳衣物。

步骤4 组织课堂实操练习。

组织学习者分组完成洗涤收纳衣物的实践操作，提高学习者对知识的认识和掌握水平。操作完成后，教师点评，不足之处得到弥补。

步骤5 内容总结。

总结本章节所讲重点内容。

步骤6 布置作业。

布置作业的目的是促进学习者巩固和消化课堂所学知识，形成学习者自己的知识和技能。布置作业时，应明确作业的类型和形式，布置下次课程的预习要点。

三、注意事项

1. 对初级、中级家政服务员进行培训时，应根据培训目标选择合适的培训内容。
2. 选择教学方法时，应遵循教学方法设计的原则。

学习单元2 评估家政服务员的工作绩效

学习目标

1. 了解评估工作绩效的基本知识。
2. 掌握家政服务员工作绩效报告的内容及编写方法。
3. 能评估初级、中级家政服务员的工作绩效。

一、评估家政服务员工作绩效的基本理论

1. 工作绩效

家政服务员的工作绩效是关于对家政服务员工作寄予的种种期望，以及旨在促使家政服务员提高工作绩效的连续目标导向计划的一种具体描述。

2. 绩效评估

绩效评估又称绩效考核、绩效评价，是一种正式的员工评估制度。是指对照工作目标或绩效标准，采用科学的方法，评定员工的工作目标完成情况、员工的工作职责履行程度、员工的发展情况等，并将上述评定结果反馈给员工的过程，即根据一定的目的、程序，并采取一定的方法对员工的工作绩效给予评定。

（1）绩效评估的作用

1）达成目标。从本质上讲，绩效考核不仅仅是对工作结果的考核，同时也是对过程的管理。

2）发现、解决问题。绩效评估的反馈信息，为工作考核计划的重新制订或调整提供了参考和依据，可以发现、解决问题。

3）利益分配。绩效评估的结果为员工的激励、奖励和惩罚提供了客观依据。

4）促进成长。在考核过程中不断发现问题、解决问题，不断提升，从而实现个人和企业的双赢。

（2）绩效评估的方法

1）等级评估法。等级评估法是绩效评估中常用的一种方法。根据工作分析将被评估岗位的工作内容划分为相互独立的几个模块；在每个模块中用明确的语言描述完成该模块工作需要达到的工作标准。同时将标准分为几个等级选项，如优、良、合格、不合格等。评估者（如高级家政服务员）根据被评估者（如初级、中级家政服务员）的实际工作表现，对每个模块的完成情况进行评估。

2）目标评估法。目标评估法评估的对象是员工的工作业绩，即以工作目标的完成情况为依据的绩效评估方法。评估前，评估者和被评估者应该对需要完成的工作内容、时间期限、评估的标准达成一致。在时间期限结束时，评估人根据被评估人的工作状况及原先制定的评估标准来进行评估。

3）评语评估法。评语评估法是指由评估者撰写一段评语，来对被评估者进行评价的一种方法。评语的内容包括被评估人的工作业绩、工作表现、优缺点和需努力的方向。

4）情景模拟评估法。情景模拟评估法是一种模拟工作评估方法。它要求被评估者在评估者面前，完成类似于实际工作中可能遇到的活动，评估者根据完成情况对被评估者的工作能力进行评估。

5）综合评估法。综合评估法就是将各类绩效评估的方法进行综合运用，以提高绩效评估结果的客观性和可信度。

二、家政服务员工作绩效报告的内容

家政服务员工作绩效报告必须具备以下三个要素：

1. 目标

目标确立是一种改善工作绩效的有效策略，它可以使岗位责任更加明确，并为家政服务员指明努力的方向。

2. 度量

确立目标之后，需要对目标的实现情况进行度量。

3. 估价

工作绩效报告的第三个要素是估价，有系统地对完成目标的进展程度进行估价，可以促使家政服务员不断提高自己的工作绩效。

三、家政服务员工作绩效报告的编写方法

1. 确定评估内容（项目）

编制工作绩效报告首先应确定工作绩效评估的内容，编制初级、中级家政服务员工作绩效评估报告，应确定初级、中级家政服务员工作绩效评估的内容。

2. 编制评估试题

（1）编写评估题目

编写评估题目时，要注意以下几个问题：

1）题目内容要客观明确，语句要通顺流畅，简单明了，不会产生歧义。

2）每个题目都要有准确的定位，题目与题目之间不要有交叉内容，同时也不应该有遗漏。

3）题目数量不宜过多。

（2）制定评估标准

可以采用等级划分法制定评估标准，如可制定五类标准：极差、较差、一般、良好、优秀。也可采用分数法（4分法、5分法、10分法、100分法）等多种标准。

3. 确立评估目标

根据评估内容和试题，确立评估目标。

4. 选择评估方法

根据评估内容的不同，评估方法也可以采用多种形式。采用多种方式进行评估，可以有效地减少评估误差，提高评估的准确度。

5. 完成工作绩效报告

完成评估内容选取、评估题目编写、评估标准确立、评估方法选择及其他一些相关工作之后，就可以将这些工作成果汇总并系统化，写出完整的工作绩效报告。

技能要求

评估家政服务员的工作绩效

描述：小玲，女，35 岁，某家政服务公司的家政服务员，被分配到一个三口之家，主要负责照护家里的产妇和新生儿。现由高级家政服务员对小玲的工作绩效进行评估，评定小玲的工作目标完成情况、工作职责履行程度。

一、操作准备

1. 人员准备

评估者：高级家政服务员。

被评估者：家政服务员。

2. 方案准备

（1）选择评估内容。以"照护产妇和新生儿"为考核项目。

（2）选择评估方法。以目标评估法为评估方法。

（3）准备制定工作绩效考核表的相关资料。

二、操作步骤

步骤 1　选取评估内容。

根据特定的情况，收集、整理评估信息。确定评估内容，照护产妇和新生儿（见表 6—2）。

表6—2 照护产妇和新生儿（初级家政服务员）

名称	知识要求	技能要求
照护产妇与新生儿	产妇膳食制作要求 产妇盥洗、沐浴注意事项 产妇擦浴、更换衣物注意事项 开奶与母乳喂养方法 产妇照护工作日志记录内容	能为产妇制作常规膳食 能照护产妇盥洗和沐浴 能为卧床产妇擦浴、更换衣物 能指导产妇喂哺新生儿 能填写产妇照护工作日志
	奶具清洗、消毒方法与注意事项 新生儿人工喂养方法与注意事项 托抱新生儿注意事项 新生儿盥洗、沐浴注意事项 新生儿生理特点	能清洗、消毒奶具 能为新生儿冲调奶粉 能给新生儿喂奶、喂水 能托抱新生儿 能照护新生儿盥洗、沐浴 能为新生儿穿、脱并洗涤衣服或纸尿裤等

步骤2 编制评估试题及评估标准。

根据初级家政服务员关于照护产妇和新生儿的知识和技能要求编制评估试题及评估标准。

步骤3 选择评估方法。

评估方法多种多样，应根据评估对象、评估内容等各方面因素，选择合适的评估方法。

步骤4 制订绩效考核计划。

确立考核目标，完成初级家政服务员工作绩效考核表的编制（见表6—3）。

表6—3 初级家政服务员工作绩效考核表

评估对象		性别		年龄		职业级别	
评估项目	照护产妇和新生儿						
评估期间	＿＿＿年＿＿＿月＿＿＿日至＿＿＿年＿＿＿月＿＿＿日						

评估内容		评估目标	得分	备注
1. 照护产妇（50分）	产妇膳食制作	能为产妇制作常规膳食	10 8 6 4 2	
	产妇盥洗、沐浴	能照护产妇盥洗、沐浴	10 8 6 4 2	
	产妇擦浴、更衣	能为卧床产妇擦浴、更衣	10 8 6 4 2	
	开奶、母乳喂养	能指导产妇哺喂新生儿	10 8 6 4 2	
	工作日志	能填写产妇照护工作日志	10 8 6 4 2	

续表

评估内容		评估目标	得分	备注
2. 照护新生儿（50分）	奶具清洗、消毒	能清洗、消毒奶具	10　8　6　4　2	
	人工喂养	能为新生儿冲调奶粉、喂奶、喂水	10　8　6　4　2	
	托抱新生儿	能托抱新生儿	10　8　6　4　2	
	新生儿盥洗、沐浴	照护新生儿盥洗、沐浴	10　8　6　4　2	
	新生儿生理特点	熟悉新生儿生理特点	10　8　6　4　2	
3. 工作态度	□ 100%　　□ 90%　　□ 80%　　□ 60%　　□不及格			
4. 沟通技巧	□ 100%　　□ 90%　　□ 80%　　□ 60%　　□不及格			
5. 创造能力	□ 100%　　□ 90%　　□ 80%　　□ 60%　　□不及格			

步骤 5　进行工作绩效评估。

由高级家政服务员依据初级家政服务员工作绩效考核表对初级家政服务员进行工作绩效评估。

步骤 6　分析数据，反馈结果。

工作绩效评估完成后，需要对评估结果进行分析并反馈。

三、注意事项

1. 工作绩效评估要有科学性、权威性。
2. 进行工作绩效评估时，必须有明确的绩效考核标准。
3. 客观及时地反馈评估结果。

第 2 节　职业指导

职业指导是指围绕职业发展过程提供的指导、辅导、咨询等服务。职业指导是由指导者根据被指导者的个人与职业相关的背景（包括教育背景、职业兴趣、职业追求、职业目标、职业经历以及人生价值观等），围绕其本人提出的具体问题，进行诊断、分析、评估、判断，为其提供职场导航、职业辅导、职业咨询等服务，共同提出合理的解决方

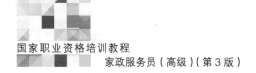
案。本节通过指导初级、中级家政服务员工作，提高高级家政服务员的职业指导能力。

学习目标

1. 了解职业指导的基本知识。
2. 熟悉家政服务员择业、就业的注意事项。

知识要求

一、职业指导的主要任务

1. 提供职业咨询，开发职业潜力

家政服务行业是一个新兴的行业，家政服务员职业的产生是社会发展的需求。随着社会经济的发展，人民群众生活水平的不断提高，百姓对家政服务的需求日益增长，家政服务已经成为百姓生活中不可缺少的服务项目。

2. 引导树立正确的服务意识

家政服务员这个职业是社会分工的产物，职业没有高低贵贱之分。家政服务业越来越受到社会各界的广泛关注，家政服务员也将得到社会的尊重。在当今社会，职业只是用来区分工作的标志；人们的职业虽然有所不同，但都是在为社会服务，只是服务的对象有所不同。高级家政服务员应引导初级、中级家政服务员正视自己的工作，树立正确的服务意识。

3. 指导设计职业生涯

家政服务员的等级分为初级、中级、高级、技师，高级家政服务员、技师要指导初级、中级家政服务员设计职业生涯计划。根据初级、中级家政服务员的自身素质指导择业、就业及继续学习，指导初级、中级家政服务员设计客观的职业生涯规划。

4. 提高求职技巧

求职技巧主要包括以下几点：

（1）正确的职业定位

家政服务员在求职之前必须明确自己想干什么、擅长于做什么；整合自身的兴趣、特长、专业或经验，制定出比较适合自己的客观的职位目标。

（2）信息搜集

家政服务员接到客户的面试通知后，要对客户的相关情况做进一步的信息收集，以便更好地应对面试。

（3）沟通技能

沟通技能是面试时决定成败的关键技能，如果不能有效沟通，即使再优秀的人也无法表现给客户。

（4）塑造职业形象

去面试时，需根据应聘职位修饰一番自己的容貌、衣着，注意言行举止，把握每一个细节。它是应试者综合素质的体现，也是其塑造形象和表现自己的机遇。要充满信心，设法通过容貌、衣着打扮、知识能力等多种形式表现自己。

二、家政服务员择业注意事项

1. 选择正规渠道就业

家政服务员要到合法的劳动中介机构和正规的家政服务公司求职。求职时需要填写求职登记表，签订劳动合同或家政服务合同。劳动合同或家政服务合同中应约定雇佣双方的权利和义务。其中要包括工作内容、工资待遇、服务期限、食宿条件、劳动纪律等相关内容。

家政服务员与雇主签订了家政服务合同，就确定了双方的雇佣关系，完备的务工手续是对务工人员合法权益的保障，劳动合同或服务合同是务工人员维护自身权益的保证。一旦双方在服务过程中发生矛盾与纠纷，可以通过劳动中介机构、家政服务公司为雇佣双方调解矛盾纠纷，维护家政服务员的利益。也可以凭借劳动合同或家政服务合同向劳动社会保障部门要求劳动仲裁，或向人民法院起诉。

2. 依据个人能力择业

家政服务员择业时一定要做到实事求是，在与雇主详细洽谈之后，可依据自己的能力、特长以及喜好来判断是否胜任此项工作。如果把握不准，可与家政服务机构的工作人员或同事商量；但家政服务员不要相互攀比，不要这山望那山高。因为家政服务员自身的情况不同，而雇主的情况同样存在差异，相互之间没有可比性。

3. 办理好合法手续

家政服务员通过雇主的面试之后，就应该进入下一个程序，与家政服务公司或与雇主签订劳动服务合同或家政服务合同。目前，我国的家政服务机构主要存在两种运作模式，一种是中介管理模式，另一种是员工管理模式。

（1）中介管理模式

中介管理模式是目前家政服务机构实行最多的模式，家政服务员与中介公司没有隶属关系，中介公司为家政服务员和雇主提供的是信息服务。中介公司负责为雇佣双方办理家政服务合同的签订与解除手续，签订合同的主体是家政服务员与雇主。家政服务合同不是劳动合同，中介公司只收取介绍服务费。

（2）员工管理模式

目前，我国鼓励家政服务企业实行员工制的管理模式。家政服务员与家政服务公司签订劳动合同，家政服务员作为家政服务公司的员工，由家政服务公司派遣到雇主家庭去从事家政服务工作。雇主需要雇佣家政服务员时，只需要和家政服务公司来洽谈服务条件、服务报酬，与家政服务公司签订用工合同；家政服务公司根据雇主的需求为其提供合适人选。雇主将服务费用交到家政服务公司，家政服务员由家政服务公司发放工资；家政服务员的安全、权益能够获得公司的有效保障和维护；家政服务公司要收取管理费。

4. 认真填写登记表

在劳动中介机构和家政服务公司办理手续时，一般需要求职者填写求职登记表。求职人员在填写求职登记表时，首先应如实填写并注意文字整洁清晰，书写认真的表格会给职介机构和雇主留下较好的印象，从而增加被录用机会。填写在求职登记表中的个人信息要准确无误，填写个人情况时既要突出自己的主要长处，也要避免夸大其词，文字要简洁通顺。

5. 合理把握工资价位

家政服务员择业时比较注重工资价位，为了正确把握工资价位，可事先进行市场调查，了解当地家政服务市场上的一般工资价位情况。了解家政服务员的市场供需情况，然后依据自身情况和市场行情，确定适当的工资价位。确定工资价位时通常要注意以下几个问题：

（1）依据服务内容来确定工资价位

服务内容多、服务难度大、服务责任大的，工资价位可高些，反之则低些。通常以母婴护理、育婴早教、家庭厨师、医院护工工资为高，照看孩子、照看完全不能自理的病人、从事一般家务、陪伴老年人次之。

（2）依据劳动强度、工时来确定工资价位

劳动强度、工时也是衡量工资高低的依据。雇主家庭人数多，住房面积大，服务时间长，特别是长期陪护病人服务时间较长的，工资价位可高些，反之则低些。

（3）依据个人能力来确定工资价位

家政服务员学历高，能力强，经过专业培训，具有熟练的家政服务技能、丰富的家政服务经验、良好的服务心态、较强沟通能力的，可适当提高工资价位。

（4）依据需求与特长来确定工资价位

如果家政服务员曾经接受过专业职业培训，取得过国家有关部门颁发的职业资格等级证书或岗位能力证书，可以获得较高的工资价位。